原因。

长期持续的闭塞感，让很多人在不知不觉中走到了绝望的尽头。

有些患者不断告诫自己："也不是只有我才这样。大家都一样在坚持着，我可不能示弱呀！"越是这种责任感强的人，越会在消极的情绪中拼命拉扯自己。

说到这里，请您审视一下自己的日常吧。

在那些多少有些不舒服、状态不佳的日子里，有没有要求自己保持一如既往的工作节奏和行动轨迹？这样的时候，是否给过自己稍作歇息、适当改变的机会呢？

现在，我们与他人直接接触的机会愈发减少，所以我们更应该认真地思考关于"自己"的事情。哪怕只有片刻的时间，也非常的重要。

我做不到呀、焦虑到无法呼吸、心神不宁……长期处于这样的心理状态，必然会对身体产生负面的影响。

最重要的是，要"感受到"自己当下的状态。

然后，尽力把自己思考和行动的坏习惯改成好习惯。

只要能给大家带来些许的帮助，就不会辜负我执笔本书的初心。

本书列举了100个简单朴素的行为，并逐一进行解说。这些行为可以帮助大家更加关注自我，客观地审视自我，而且都是可以轻松养成的习惯。

说到习惯这件事，只有日积月累才能发挥巨大的力量。

美国的心理学家威廉·詹姆斯曾经说过："播下一种习惯，收获一种性格；播下一种性格，收获一种命运。"

关注自己当下的状态，然后改变习惯，成长为一个无论遇到什么事情都不会"消沉"的自己。重视生活习

摆脱负面情绪的100个习惯

（日）工藤孝文 ◎ 著
（日）小池惠美子 ◎ 插图
张 岚 ◎ 译

辽宁科学技术出版社
·沈阳·

篇首语

近来，由于身体方面或精神方面的症状前来我院就诊的女性患者人数激增，但是大家并不能清晰地理解自己的病情。

概括起来，具体的症状包括"总是觉得很累""打不起精神来""心神不宁""焦虑不安"等。

我想，这些症状背后的原因多种多样。

例如，不甚明朗的未来、日常生活里的人际关系等，都有可能导致我们产生心理压力。也就是说，每个人的病因都不一样。

但其中有一个很容易被忽视的共同点，就是"过于隐忍"。

就算我们完全没有意识到自己在"忍耐"，那些默不作声的情绪也会在我们的身体和心灵中发生振聋发聩的悲鸣。

这就是明明没有伤痛，却仍然觉得身心不畅的惯,真的可以让人生变得更加美好。

　　为了便于大家翻阅,随意翻开一页都能看到一个新鲜的小项目。感谢小池惠美子女士为本书创作的治愈系可爱插图。让我们在温柔的插图陪伴下,一起开始阅读吧。

本书常见语句解说

◎ **自主神经（交感神经·副交感神经）**

自主神经是人体众多神经之一。负责控制内脏器官的活动和体温的恒定，因此在没有人为意识的驱动下也能24小时不间断工作。自主神经由交感神经和副交感神经组成，交感神经主要负责在白天或活动时让人精力充沛，精神振奋；副交感神经主要负责在夜晚或放松时让人缓解疲劳，储存能量。当"交感神经"活跃的时候，血压上升，身心沉浸在兴奋的状态。当"副交感神经"的活动更加强烈时，血压下降，心跳放缓，身心逐渐进入休息的状态。交感神经和副交感神经相互平衡、相互制约，共同调节人体的生理平衡。

◎ **免疫**

免疫是我们身体自带的防卫系统，时刻监视着身体动态，起到抵御外部细菌和病毒入侵的作用。免疫系统拥有无比精妙的结构。如果这套系统消失不见，身体定会很快罹患某种疾病。

免疫力（免疫的能力）下降以后，我们的身体更容易遭受细菌和病毒的侵袭，同时产生皮肤干裂、过敏、腹泻、容易疲劳等症状。

◎血清素

一种协调内心平衡的神经传递物质，被称为"快乐激素"。只要身体能够正常分泌血清素，就能有效抑制其他神经传导物质的分泌失调，帮助我们保持平稳的心态。

另外，血清素还可以转换成有助睡眠的"褪黑素"，这可是实现优质睡眠必不可少的物质。一旦血清素缺失，就很容易让人产生焦虑的情绪，甚至使人陷入抑郁的境地。

◎多巴胺

在开心和快乐时被分泌出来的多巴胺，被称为"积极激素"。多巴胺能起到让人兴致高昂、心情愉悦的作用。因为会产生依存性,所以也被称为"脑内麻药"。

◎ 催产素

与血清素相同,起到让人平心静气的作用。被称为"治愈激素"。分泌于肌肤接触,或人与人之间进行亲密交流的时候。如果被关系亲密的人抚摸,分泌出催产素,你就会产生幸福的感觉。

◎ 皮质醇

身心俱疲的时候,皮质醇的分泌量会急剧增加,因此被称为"压力激素"。研究表明,长时间处于压力状态下,脑部的"海马体"会出现萎缩的趋势。这足以证明压力对身体的影响。例如身处公众演讲等高压场景中时,皮质醇的指标会在20~30分钟之间激增2~3倍。

目录

篇首语 / 2

本书常见语句解说 / 6

第1章 改善"总是觉得很累"的习惯

1　休息日和工作日都在同样的时间段起床 / 22

2　清早,喝一杯牛奶 / 24

3　早餐不能只吃吐司 / 26

4　先让身体活动起来 / 28

5　早晨,做点儿轻松的运动 / 30

6　回避罐装饮料 / 32

7　戒掉可有可无的甜食 / 34

8	不要减少进食的次数 / 36	
9	改善肠道环境 / 38	
10	降低油炸食品的食用量 / 40	
11	晚餐摄取鸡胸肉制作的菜品 / 42	
12	把喜欢的事情写下来 / 44	
13	做约30分钟能使您稍感疲惫的运动 / 46	
14	睡觉3小时之前吃完晚餐 / 48	
15	睡前不要碰手机 / 50	
16	睡前2小时泡个澡 / 52	
17	做头皮按摩 / 54	
18	饮用萃取绿茶 / 56	
19	缩小温差 / 58	

第2章 改变"就是有点儿不舒服"的习惯

20 饮品里不加冰 / 62

21 每天做5分钟的拉伸运动 / 64

22 假笑也好,总之先笑起来 / 66

23 保证7小时睡眠时间 / 68

24 摄取水分的好方法 / 70

25 控制水果 / 72

26 学会享受干香菇的味道 / 74

27 保持体温,改善血液循环 / 76

28 优势满满的绿茶 / 78

29 身体不舒服的时候要多喝水 / 80

30 　穿着宽松的服装 / 82

第 3 章　改变"我做不到"的习惯

31 　想一想"自己的判断"和"自己的选择" / 86

32 　每天吃一次青鱼 / 88

33 　多看看暖色系颜色 / 90

34 　不要懊恼优哉游哉的生活方式 / 92

35 　让失误变成正向契机 / 94

36 　上下楼梯 / 96

37 　按照自己的节奏处理电话、邮件和社交媒体 / 98

38 　不要把忍耐当作理所当然 / 100

39 服务他人 / 102

40 多说正面情绪的语言 / 104

41 决定好了就勇往直前,反省的环节放在后面 / 106

42 放弃完美主义 / 108

43 不要什么都跟自己联系在一起 / 110

第 4 章 改掉"打不起精神来"的习惯

44 起床以后,拉开窗帘沐浴清晨的阳光 / 114

45 用1分钟的冥想来放松 / 116

46 睡30分钟的午觉 / 118

47 摄取低GI的碳水化合物 / 120

48	巧妙地利用间食 / 122	
49	摄取大豆类食品 / 124	
50	摄取MCT油 / 126	
51	多看看蓝色 / 128	
52	在有限的时间内做出决定并付诸行动 / 130	
53	天气不好的日子选择色彩明亮的穿搭 / 132	
54	意识到眼下在做的事情 / 134	
55	不要动脑筋。动手！ / 136	
56	姑且先站起来 / 138	
57	常用物品要定期更新 / 140	
58	使用闹钟 / 142	
59	积极尝试新鲜事物 / 144	

60 确认自己放空时的状态 / 146

61 每天拍摄一张照片 / 148

62 不要忍耐,给自己多点儿宠爱 / 150

第5章 改掉"意志消沉"的习惯

63 不要让身体感受到寒冷 / 154

64 保持嘴角上扬 / 156

65 给自己点儿不看手机的时间 / 158

66 留出取悦自己的时间 / 160

67 彻头彻尾地讨厌自己 / 162

68 号啕大哭 / 164

69 设定意志消沉的结束时限 / 166

70 触摸小生命 / 168

71 与负面新闻保持距离 / 170

72 轻柔地抚摸小臂和脸颊 / 172

73 不要以为不好的事情会一直发生 / 174

第6章 改掉"心神不宁"的习惯

74 保持手脚温热 / 178

75 装"死" / 180

76 仔细咀嚼 / 182

77 把讨厌的事情写在纸上,然后撕碎扔掉 / 184

78 决定好明天的穿搭 / 186

79 客观审视自己的不安,然后接受它 / 188

80 故意找点儿无关紧要的事情来做 / 190

81 把担心的事情锁进"担心盒子"里 / 192

82 告诉自己并非孤身一人 / 194

83 确认自己拥有的一切 / 196

84 把不开心踩在脚下 / 198

85 拥有几种压力 / 200

第7章 改掉"焦虑不安"的习惯

86 定期眺望室外景色 / 204

87	每日3分钟的腹式呼吸 / 206
88	唱歌 / 208
89	全身紧绷,然后彻底放松 / 210
90	把注意力集中在呼吸上 / 212
91	食用椰枣 / 214
92	保持良好姿态 / 216
93	把叹气改成深呼吸 / 218
94	不比较,不评价 / 220
95	保持充足的水分 / 222
96	晚上入睡前记得给自己赞美 / 224
97	沉默,深呼吸 / 226
98	养成自我归因的思维方式 / 228

99 养成早起散步的习惯 / 230

100 慢慢讲话 / 232

结束语 / 235

参考文献 / 238

作者简介 / 239

日文版工作人员名单

设　　计：驹井和彬（KOMANU图考室）

编辑助理：山守麻衣

校　　对：株式会社PURESU

第 1 章

改善"总是觉得很累"的习惯

100

休息日和工作日都在同样的时间段起床

"最近太累了,就想浑浑噩噩睡一天""下周肯定特别忙,趁现在赶紧多补补觉"……每逢休息日,免不了因为这样的想法睡到很晚才起床。我非常理解这样的心情。但其实,睡得太多反而会让身体更加疲惫。究其原因,因为我们身体里的"生物钟"会因此而发生混乱。虽然我们希望通过增加睡眠时间恢复体力,但实则只能事与愿违。太阳光可以有效地校准生物钟,所以我们可以在每天早晨充分地沐浴阳光,调整生物钟的节拍,然后按照正常的节奏翻开新一天的篇章。如果生物钟一直处于混乱的状态,会有产生睡眠障碍、肥胖、抑郁等问题的风险。

我们都想在休息日自由自在地度过悠闲时光。但为了更好地消除疲劳、重新唤醒身体的活力,就一定要有意识地让自己养成按时起床、沐浴晨光的习惯。这样一来,心情也会如阳光般明媚。

清早,喝一杯牛奶

小时候在学校,每天都有喝到一杯牛奶的机会。但现在,怕是很多人除了喝拿铁以外都没什么机会喝牛奶了吧。您知道吗,其实牛奶具有催眠、提高睡眠质量的效果。牛奶中含有一种叫作色氨酸的氨基酸,色氨酸在进入体内后15小时会转变为褪黑素,产生改善睡眠质量的效果。因此,与其睡前喝热牛奶,不如早晨喝效果好。

除了牛奶以外,大豆类食品、鸡蛋、坚果、香蕉等食品中也含有大量的色氨酸。早晨吃的这些食物,可以在夜晚来临之际转变成褪黑素,让我们迎接更舒畅的睡眠时间。

我推荐的早餐食谱,一般来讲是糙米饭、鸡蛋和纳豆,餐后加一杯牛奶。这样的配餐有助于获得良好的睡眠质量。

早餐不能只吃吐司

在我看来,很多人都倾向于"面包早餐"。要想在忙碌的早晨快速填饱肚子,面包确实是非常方便的食品之一。但是,大家可要当心高糖点心、蓬松柔软的面包和白白净净的切片面包。最近,"GI值(glycemic index 血糖生成指数)"这个与健康息息相关的词汇已经进入了大家的视野。这个指数可以体现餐后血糖上升的情况。血糖过高或者过低,都会给身体造成很大的负担,导致疲劳感倍增、情绪不安、抑郁状态或肥胖等。餐后血糖一定会有所升高,但为了保持身体健康,我们需要让血糖的变化曲线尽量平缓。

而GI值就是一个重要的参考指标。全麦或燕麦都属于GI值较低的食品,吃这种原材料做成的面包,可以抑制血糖急剧增高。而对早餐来说,还可以加上一点儿水果、鸡蛋,以保持均衡的营养摄取。

先让身体活动起来

要么就是工作不顺心,要么就是恋爱不顺利……这人世间的事情呀,越是希望万事顺遂,越是常因突如其来的事情倍感压力。您平时是如何释放压力的呢?在日复一日的忙碌当中,是不是也只能看看手机、喝喝酒,或者干脆倒头就睡呢?

压力积攒得太多,会让我们的心灵和身体时刻处于紧绷的状态。而想办法让我们的心灵和身体从紧绷的状态中解脱出来,是一件非常重要的事情。这时候,让身体动起来,功效要比让身体静止不动好很多。哪怕是入门级别的拉伸和瑜伽,或者就是打扫一下房间,都能给身体适当活动的机会。不需要运动到气喘吁吁的程度,更没必要竭尽全力做什么,只要意识到我们是在通过活动身体来放松身心就好。这样,紧绷着的心灵和身体就能慢慢舒缓下来。

早晨,做点儿轻松的运动

早上能多睡一分钟是一分钟,能多睡一秒钟是一秒钟。每天都觉得好累呀,明明闹钟已经铃声大作,可身体完全醒不过来……您的早晨,是这个样子的吗?虽然还不至于需要到医院就诊,但如果您察觉到自己身心疲惫,就应该先从"调整自身的生物钟"开始,陆续改善饮食结构和休息方式。

我在之前曾经提到,调整生物钟最重要的方法是沐浴早晨的阳光。早晨沐浴到阳光以后,身体里的生物钟会自行开启活动的开关。

养成在早晨做运动的习惯,不仅可以提升快乐激素——血清素的分泌量,还能起到缓解负面情绪、改善睡眠质量的功效。尽量不要在卧室里使用遮光窗帘。起床以后马上拉开窗帘沐浴阳光,然后再来几分钟轻松的拉伸、瑜伽或者散步,就是一个完美的清晨了!这样一来,全天都会拥有美好的心情。

回避罐装饮料

在便利店和超市里,总是摆放着各种各样琳琅满目的罐装饮料,其中不乏当季新推出的款式,让人忍不住想买来尝尝。这些不含酒精的罐装饮料,有的是茶叶泡出来的,有的是牛奶兑出来的,有的是果汁,有的是碳酸制品。有报道称,每天饮用两罐以上罐装饮料的人,患病风险比其他人高出30%。最重要的原因,就是各种饮料里面含有的糖分。而且越是宣传减肥效果、标注了零热量的商品,越是有高致病率的倾向。

最近市面上出现了含有调香成分的矿泉水商品,但实则这些商品并非单纯的水,而是饮料。日常毫不在意地喝进肚子里的饮料和减肥饮品,反而成为抑郁症的帮凶。如果每天都要喝罐装饮料,请选择不含糖分的茶水或矿泉水吧。

戒掉可有可无的甜食

"焦虑的时候想吃点儿甜食""好想吃点儿甜品,能让疲惫感一扫而空""虽然不饿,但不吃点儿什么总觉得缺点儿东西""对碳水和甜品毫无抵抗力,一不留神就吃了好多"……这是不是在说你呀?如果有一项描述符合您的状态,那很有可能您已经陷入糖瘾当中了。我们摄取的糖分,会供给大脑能量,除了点心等甜食以外,米饭和面包的碳水化合物里也含有糖分。

我们的大脑收到糖分进入身体的信号以后,会分泌出多巴胺。这就是甜食给我们带来幸福感的原因。但如果过分依赖糖分、不吃甜食就不快乐,则无疑会导致事与愿违的结果。研究表明,过度的情绪波动很容易导致抑郁心境,也会让人在情绪低落的时候陷入焦虑难以自拔。所以,先尝试着改变购物习惯,从购物清单里删除可有可无的甜食吧。

100

不要减少进食的次数

大家每天吃几顿饭呀?好多人会因为要减肥、太忙碌,每天只吃一顿或者两顿饭吧?不吃早餐,中午只吃一点儿沙拉……这样严苛的生活方式会成为身体容易困倦疲劳的原因。西医理论认为,有规律的饮食生活和有节奏的作息时间,可以有效地预防疾病的发生。进食次数的减少,会导致身体得不到充足的养分,于是身体只有分泌出更多的酮体来补足养分。酮体虽然是优秀的养分来源,但过量的酮体会引发疲劳、倦怠和头疼。在极端控糖的状态下,身体也容易感到疲劳。所以按时吃一日三餐,保证合理的膳食结构,是让身体保持健康状态的基本条件。

说到下午茶,建议把时间设定在下午3点左右,因为这个时间最不容易发胖。让身体充分吸收必要的营养成分,保持时刻神采奕奕的身体状态吧。

改善肠道环境

相信大家已经知道,心理疾病的根源来自大脑。但是大家一定没有意识到,其实肠道的状态也与心理状态有着丝丝缕缕的关系。肠道被称为"第二大脑",对心理问题有很大的影响。紧张或有压力的时候,肚子会痛;悲伤的时候,没有食欲……也就是说,大脑感知到压力的时候,肠道会发生相应的变化。同样,在肠道状态不佳的时候,这种压力会很快传递到大脑,给大脑造成不良的影响。

特别是那些意志消沉的人,多数处于反复便秘或腹泻的状态。这是因为90%以上的快乐激素——血清素源自胃肠道。如果觉得心情有点儿不好,可以确认一下肠胃的情况。如果有必要调理肠道环境,可以多吃一些发酵食品、海藻等富含水溶性食物纤维的食物。另外,还可以多吃一些香蕉等富含寡糖的食物。一旦肠道的状态得以改善,心情也会平和很多。

100

降低油炸食品的食用量

炸鸡块、可乐饼、炸猪排、炸薯条……油炸食物总是能给人带来快乐。就算我们知道油炸食品的热量非常高,还是忍不住想吃进嘴里。但研究表明,如果吃油炸食品的次数过于频繁,就会增加罹患抑郁症的风险。这是因为油炸食品中含有Ω-6脂肪酸(亚油烯酸)。大家可能知道,鱼肉等食品中含有的Ω-3脂肪酸(α-亚麻酸)对健康大有益处,是可以积极摄取的营养成分。对我们的身体来说,油脂本身就是必要的能量来源,而且承担着调节感情的重要作用。一旦Ω-6脂肪酸和Ω-3脂肪酸的比例失衡,就会导致情感崩溃,更容易受到抑郁症的侵扰。

如果不多加衡量,我们很容易在饮食过程中摄入过量的Ω-6脂肪酸。如此一来,情绪就容易陷入失衡的状态。所以请控制好油炸食品的食用量,同时在菜肴中多加些鱼肉吧。

晚餐摄取鸡胸肉制作的菜品

鸡胸肉是一款优质的减肥食材，脂肪含量少，富含蛋白质等大量营养成分。其实，鸡胸肉不仅可以用来减肥，还是那些整天忙来忙去的女性朋友的救星。鸡肉中含有一种叫作咪唑二肽的氨基酸，具备缓解疲劳、修复受损细胞、抑制氧化的作用。晚餐只需一小碟100g的鸡胸肉，就会让所有的疲劳在当晚就消失殆尽。每天吃鸡胸肉，会渐渐养成不易疲劳的体质，所以我会推荐大家在日常食谱中加入鸡胸肉这款食材。

话虽这么说，但很多人都抱怨说鸡胸肉口感发柴，也不知道怎么料理才好。其实很简单，只要提前腌渍入味，裹一层淀粉，然后烹饪的时候不要过火就可以了。例如把裹好了淀粉的鸡胸肉放进热水里，关火盖上盖子加热20~30分钟，就可以用来做鸡肉沙拉了。建议常备鸡胸肉，每天都吃一点儿。鸡胸肉对缓解脑疲劳的效果显著，请大家一定要试试看。

把喜欢的事情写下来

你在做什么事情的时候会感觉到愉悦呢?喜欢什么东西呢?现在的我们,整日忙于工作和家务,渐渐远离了可以取悦自己的事情。如果忽然问起来,很多人都不能马上说出自己曾经的喜好是什么。如果你也是这样,希望可以找点儿时间坐在桌旁,按顺序排列一份"喜欢的事情清单"。比方说看电视剧、做点心、玩游戏、看艺术展……在这里没什么局限,您可以如实地写下能让自己沉浸其中的乐事。然后,再择日逐一落实。如果有机会沉浸在自己喜欢的事情当中,大脑就会分泌出多巴胺,让我们感受到积极的情绪和活力。

如果有烦恼,而且无论如何都难以释怀,可以试试把注意力转移到自己喜欢的事情上。这样,能让情绪得到平复,找到最初的自己。只要从自己能处理的环节切入,整个人就能转换到正面的情绪当中去,然后重新满血复活!

做约30分钟能使您稍感疲惫的运动

相信读者当中,应该有一大部分的人从事办公室工作。也就是说,我们的日常只动脑,不动身体。看起来气定神闲的样子,其实却很容易感到疲惫吧?是不是结束一天的工作以后,除了躺平什么都不想呢?其实,人们感受到压力最大的时候,正是大脑觉得疲惫的时候。相反,如果身体劳累但大脑愉悦,我们基本上不会觉得有什么压力。因为运动的时候,大脑分泌的血清素会让我们感到情绪稳定。同时血清素还能起到预防抑郁症、改善抑郁心境的效果。

我最推荐的运动项目就是清早散步30分钟。据说"30分钟左右的适当运动",其效果可以媲美一粒抗抑郁药。如果觉得用脑过度,请尝试着做做舒缓身心的运动吧。睡前的夜跑,可是非常有效果的减压运动。

睡觉 3 小时之前吃完晚餐

明明好好睡觉了,可还是觉得很疲惫。如果你也有这样的感觉,请一定要调整晚餐的时间。吃饭和睡觉,看起来没什么关联性,其实它们之间的关系非常密切。我们的身体结构,要求肠胃在我们进食后抓紧时间消化和吸收。如果在这个状态下睡觉,那大脑和其他器官怎么能安心休息呢?所以即便睡着了,也只能处于浅睡眠状态。

吃饱以后会困,也是因为这个原因。因为血液要优先供给肠胃,让它们快速运作。而一整套消化和吸收的流程,大概要花费3小时的时间。所以最理想的安排,就是把睡眠时间安排在晚餐3小时以后,这样大脑和身体才能安然入眠。如果要在24时入睡,那就需要在21时左右吃完饭。另外,脂肪含量越高的食物需要的消化时间也越长,所以需要更早一点儿吃完才好。如果时间实在太晚了,可以考虑选择易消化的简食,这样才能获得更好的睡眠质量。

睡前不要碰手机

大多数人钻进被窝以后,都会在睡前看看手机吧。智能手机和电脑的液晶画面会散发蓝光,这是一种非常亮且刺眼的光线。夜间看到这种光,会让大脑误以为身处白天,从而减少褪黑素的分泌量。我们的生物钟默认白天活动、夜晚休息的模式,但如果夜晚长时间身处蓝光的照射下,就会让生物钟产生混乱。另外,就算睡眠时间相同,睡前看手机和不看手机的睡眠质量也有相当大的差异。例如多梦、觉轻等症状,多来自睡前看手机的习惯。长此以往,身体得不到舒缓,白天就总是会觉得很疲惫。

为了改善睡眠质量,至少睡前2小时内都不要再看手机了。在这2小时里,请远离手机和电脑吧。实际上,睡前浑浑噩噩地从手机里看到的信息,很难在我们脑海里留下清晰的印记。

夜幕降临的时候,最重要的是避免刺激,让自己的身心舒缓下来。

睡前 2 小时泡个澡

忙碌了一天以后，可能匆匆冲个淋浴就了事了。特别是酷暑之际，泡澡简直就像是在渡劫。但为了改善睡眠质量，请务必养成每天泡澡的习惯。人在进入睡眠的时候，会逐渐从身体内部开始降温，抑制代谢速度，开始为入睡做准备。具体来说，您可能知道困的时候手脚会发热，这就是身体在释放热量的证明。也就是说体温下降以后，大脑的温度也会随之下降，这就完成了睡眠之前的准备工作。所以通过泡澡来提高体温，可以有助于稍后顺利入眠。夏季的时候在睡前1~2小时泡澡，冬季的时候热水容易凉，所以在睡前1小时泡澡，这样的时间安排都是比较合理的。热水温度保持在接近体温的38℃，如果温度太高会刺激交感神经的活跃程度，反而更难入睡。

泡澡的时间控制在10分钟左右。有人喜欢带着手机或平板电脑进浴室，多泡一段时间，但这样体温会上升得过高，所以并不推荐这样做。

做头皮按摩

头皮内侧有额肌、颞肌、枕肌等肌肉，受到自主神经的控制。就像我们的肩膀和脖子会觉得僵硬一样，疲劳和压力会积累在头皮内侧的肌肉上，让这里的肌肉也随之紧张和僵硬。如果置之不理，血液和淋巴就会受阻，从而导致身体和心灵感到诸多不适。例如白发、发丝变细、脱发等跟头发相关的问题，还有跟头皮连接在一起的面部皮肤下垂、皱纹、斑点等肌肤老化问题，都跟紧绷的头皮脱不了干系。

我们都知道拉伸等运动能让身体舒缓下来，而头皮按摩也有相同的功效。所以建议定期按摩头皮，哪怕只是淋雨的时候有意识地按压头皮，以促进头部的血液循环。同时，头皮按摩还能调节自主神经，让视觉神经更加活跃。如此一来，自主神经才能得到平衡，身心方可实现放松。除了每天洗头的时候按摩头皮以外，还可以偶尔给自己一点儿小褒奖，做做头皮SPA和瑜伽来放松一下。

饮用萃取绿茶

大家都知道,咖啡和红茶等含有咖啡因的饮品具有提神醒脑的效果。而且我相信,很多人在早晨和上班的时候会喝含有咖啡因的饮料。其实,绿茶里也有咖啡因的成分,但却具备舒缓神经的功效。您可能会问,明明有提神醒脑的成分,怎么反而会出现正好相反的效果呢?这是因为绿茶里含有的咖啡因成分,很难被水浸泡出来。被水浸泡以后,绿茶中的茶氨酸会首先被萃取出来。茶氨酸是氨基酸的一种,起到抑制大脑兴奋的作用。另外,通过摄取茶氨酸,能让大脑释放出有放松效果的α波,有利于消除疲劳。除此之外,还有一个令人振奋的冷知识,那就是茶氨酸还有燃烧脂肪的效果。

制作萃取绿茶的方法非常简单,只要把茶叶放进瓶中,倒水即可。如果不着急喝,可以放进冰箱冷藏。这种速冷的环节会促进茶氨酸的释放。如果感到头脑混沌或者疲惫不堪,但又担心摄入过量的咖啡因,那么就请在睡前试着喝点儿萃取绿茶吧。

缩小温差

炎炎夏季，室内的冷气让人不知不觉又披上了一件外衣；寒冬腊月，室内的暖风却又让人时不时汗流浃背……现在，室内和室外的温差越来越大了。我们的自主神经难以抵抗剧烈的温差，往往会在瞬间陷入混乱。别小瞧细微的温差，区区几摄氏度的变化就得让自主神经花费3~4小时才能回到正轨。所以，夏季满身大汗走进空调房的时候，要记得趁身体没有感到凉爽的时候赶紧披上一件长袖空调衫。同样，冬天不要以为"只有几步路"就匆匆跑到室外去。哪怕只有5分钟的路程，也千万要穿好大衣。

感觉到"冷"或"热"的时候，就是自主神经开始慌乱的信号。在公共场合，我们无法因为个人要求调整空调温度，所以要随身携带长袖外搭，以便在可行范围内做好自身调节。通过尽量缩小温差，来保持自主神经的平稳运作活动。

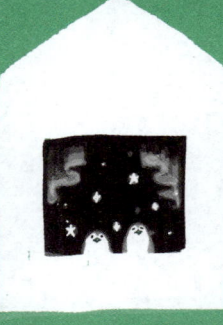

第 2 章

改变"就是有点儿不舒服"的习惯

饮品里不加冰

即使是冬季做足了防寒对策的人，也难免在酷暑来临之际想喝加了冰的冷饮，想穿露肩露腿的夏装。但是，真正的防寒对策，不仅冬天要做，夏天也要做。

您是否听说过"寒湿是万病之源"的说法？寒气会降低新陈代谢和免疫力，扰乱自主神经和激素的平衡，引发很多身体不适症状。其中受其影响最深的，要数肠道了。因为肠道负责释放全身所需热量，如果这里着凉，就免不了引发不适。现在请摸摸自己的肚子，对比肚子周围的温度和心脏周围的温度。如果肚子周围的温度略微偏低，就有可能肠道已经偏寒了。平时喜欢吃冷餐的人、不运动的人、姿态不佳的人、衣着紧绷的人，都很可能有肠道寒凉的倾向。

夏季，长时间身处冷气十足的房间里，身体很容易着凉。在炎热的日子里尽量避免喝冰水，应当有意识地摄取常温饮品或能给身体补充热量的温热汤汁。另外，我们还可以巧妙借助鞋袜、腰带或外搭等单品来落实防寒对策。

每天做 5 分钟的拉伸运动

如今居家办公的需求越来越多,我们在家里的时间也越来越长。这样一来,是不是很多人都会感到运动不足呢。如果长时间缺乏运动,体力会下降,心态也会变差。而另一方面,血流不畅会让人很容易畏寒。同时,因为免疫细胞无法抵达身体的每一个角落,我们的免疫力会大幅下降。即便如此,要每天保持剧烈的运动,好像也不太现实。

只要保持适当的运动,就可以实现健康的目标。您是否听说过专业运动员容易感冒?这是因为过度的训练同样会降低人体的免疫力。那么,究竟什么程度的运动才算得上是适度呢?答案是"每天5分钟"。可能有人会惊讶地反问:"就5分钟吗?"是的,只有这样才能在没有压力的情况下长期坚持!每天5分钟,用舒缓的拉伸运动来放松身体吧。习惯伏案作业的人,可以把重心放在容易僵硬的肩膀和颈椎部位。以站立工作为主的人,可以把重心放在腿脚部位。只要这样,就能消除畏寒的症状,并提高免疫力。

假笑也好,总之先笑起来

疲劳的时候,悲伤到心无余力的时候,勉强让自己上扬嘴角假装笑一笑吧。就算是假笑,就算是心里没有丝毫的欢乐,大脑也会因为这个笑容误以为"有什么高兴的事情发生",然后分泌幸福激素血清素和快乐激素内啡肽。在它们的作用下,我们可以感受到的幸福感,甚至可以匹配得到2000块巧克力的幸福感。我们没办法一口气吃下2000块巧克力,相比之下扬扬嘴角笑一笑是个很简单的事情。哪怕是看看搞笑节目,没心没肺地笑笑,也能增加大脑中α波的数量。这样一来,我们不但能放松心情,还能激发活跃的大脑运动。当担任免疫功能的自然杀伤细胞趋向活性化以后,我们的免疫力就能有所提高,同时调整自主神经的平衡。

大家都知道笑一笑十年少的古训,笑容的力量比我们想象中还要强大。人们都说爱笑的人运气不会太差。是呀,总是笑眯眯的人仿佛永远神采奕奕,背后的原因可能正是如此。

保证 7 小时睡眠时间

人一忙起来，很难保证充足的睡眠。有数据显示，大多数日本人都觉得自己睡眠不足。平时睡眠不足，就在周末恶补。我们都有过在周末蒙头大睡，一直睡到不得不起来的时候，此时发现已经日落西山了。对我们来说，睡眠不仅仅让我们的身体得到休息，更起到修复身体机能的重要作用。睡眠不足的时候，人们往往难以集中注意力，容易感到疲劳。长此以往，还会导致肥胖。这是因为控制食欲的激素分泌量降低，无法控制食量，结果导致热量摄取过量的结果。

即便如此，睡得太多也是对身体无益的。我们已经知道，过长的睡眠很容易导致抑郁。理想的睡眠时间应控制在7小时左右。如果实在难以保证充足的睡眠，就需要找时间通过小憩来补足"合计7小时"的时间。白天的小睡，也能帮助大脑和身体缓解疲劳。

摄取水分的好方法

每天都有好好排便吗？肠，是由自主神经控制的内脏。当压力和不良生活习惯扰乱了自主神经，我们又不能及时做出调整时，肠的蠕动功能会有所降低，从而导致便秘。除此以外，还有可能引发便秘的原因包含缺乏运动、摄取的食物纤维不足、腹肌无力、过度减肥等。理想的排便时间为每天早起以后。为了实现这样的目标，我们要牢记摄取足量的水分，养成好习惯。

这里提到的好习惯，指的是以1杯水（约200mL）为单位，每天分期分批地喝上7杯左右的常温水。我们不推荐一次喝太多水，因为这样很快就会变成尿液被排泄出去。首先，最重要的是起床后马上喝一杯水。然后在步行以后、小憩之时、入浴之际、睡觉之前等时候及时补水。待肠道状态改善以后，免疫力就能提高。为了身体的健康，记得要好好喝水哦。

控制水果

大家都说水果对健康好,对皮肤也好。而我也知道,很多人都在尽情地享受着食用各种水果带来的快乐。特别是在炎热的夏季,水果带来的幸福感真的无可比拟。但您知道吗?水果也有可能导致身体的寒凉。身体的寒凉是免疫力降低的原因之一。现在,虽然全年都能买到各种各样的水果,但其中不少品种原本都是夏季的时令水果。而在西医的观点中,这些水果都被归类在寒凉食品的类别中。香蕉、杧果、菠萝、奇异果、橙子……这些常见的水果都是来自热带地区的水果。

而且,水果中的糖分含量要远超我们的预期。1根香蕉的含糖量高达28.2g,这相当于7块方糖的含糖量,所以不能多吃。炎炎夏日,水果会让身体迅速冷却下来,所以每次吃的时候都要少吃一些。同时,多吃点儿当季的时令水果也是明智的选择。

建议多食用苹果、樱桃、葡萄等温性水果。

学会享受干香菇的味道

如果想通过膳食的调整轻松实现免疫力的提高,就来学着享受干香菇的味道吧。香菇属于蘑菇类,这类食物富含B族维生素、维生素D、钙、铁和食物纤维,是一种优质食材。香菇中还含有大量的β-葡聚糖,这是一种可以促进免疫力活性化的食物纤维,常被用于医药品当中。鲜香菇里含有如此丰富的营养成分,晾干以后的香菇也富含营养。例如干香菇中维生素D的含量,高达鲜香菇含量的8倍以上。

可以在超市直接购买干香菇,也可以买回香菇以后自行晾干。干香菇不仅营养更加丰富,味道也更加浓郁。维生素D也是一种非常重要的营养成分,可以把钙的吸收率提高20倍。另外,同时摄取油脂能进一步提高吸收效果,所以建议炒着吃或者炸着吃。

保持体温,改善血液循环

大家常态下的体温是多少呢?女性的体温大多数比较低。健康成年人的体温通常保持在36.5~37.1℃之间。如果自身体温较低,可能会觉得这种温度微微发热。体温上升以后,血液循环将有所改善。我们身体里的细胞数量超过60兆个,血液的工作就是要把氧气和营养送至每一个细胞,同时带走老化的废弃物质。血液中还含有具备免疫功能的白细胞,它们随着血液通往身体的每一个角落,随时警惕着有无异物入侵。也就是说,体温升高以后,这些身体里的运转将有所改善,帮助我们把免疫力保持在一个较高的水平。

体温上升的必要条件,包含每日运动(特别是步行)、洗澡、减少冷餐冷饮的摄入、避免身体着凉、夏季也要盖住肚子穿好鞋袜等。体温上升以后,不仅免疫力能维持在较高的水平,还可以提高基础代谢,帮我们塑造易瘦体质。让我们把每天的小调整变成良好的生活习惯,通过升高体温来改善血液循环吧。

优势满满的绿茶

日本人有饮用绿茶的习惯。前文中也曾说过,绿茶有使人放松身心的功效。但是,您需要知道的绿茶功效可远远不止这些。绿茶中含有的儿茶素,属于一种多酚,茶的涩味由此而来。儿茶素有去除体内的活性氧、减缓身体老化、促进低密度脂蛋白的代谢、抑制血糖提高、促进脂肪代谢等不胜枚举的优势。最近的研究表明,儿茶素还有通便的功效。这是因为肠内细菌大致可以分为发挥良好作用的共生菌群、发挥不良作用的致病菌群,还有一种就是条件致病菌群。儿茶素可以起到抑制致病菌群繁殖的效果,帮助我们调理肠胃环境。

如果想借助儿茶素的力量改善便秘,可以用80~85℃的热水沏泡绿茶,充分提取儿茶素的成分。根据当下身体的状况,惬意地享用绿茶吧。

身体不舒服的时候要多喝水

今天从清早醒来就觉得头昏脑涨,明明好好睡觉了怎么还没解乏呢?这时候,先喝一杯水吧。负责整个身体的自主神经与肠道的蠕动紧密关联。而肠道,则是稍有刺激就会作出反应的器官,所以先喝杯水让肠道动起来吧。这样,自主神经也会在收到信号以后做出活动反应。如果心情低落,说明自主神经仍处于"休息状态"。通过喝水,可以把"休息状态"切换到"活动状态"。无论是早起没精神的时候,还是工作疲惫的时候,或是注意力已经无法再继续集中的时候,都推荐您先喝一杯水。起身、离席,去慢慢地喝一杯水。这个过程中,可以想象着水是如何流淌到身体的每一个角落的。

自主神经的状态,可以通过我们思想和行动的改变来调整。但如果这种莫名其妙的疲劳感持续1周以上,请务必去医院就诊。如果还没有那么严重,就先试试用喝水的方式调整一下吧。

穿着宽松的服装

您会不会为了凸显迷人的身材曲线,而选择紧身的服饰、内衣和鞋子呢?其实,紧绷身体的服装会给我们的身体带来很大的压力,并由此引发自主神经的失衡。长期保持不良的体态,让交感神经单独运作,身体里的疲劳感就会不断堆积。人生中总会有一些非常关键的时刻!这时候拼命把自己打扮得时尚迷人无可厚非。但是回归日常生活以后,还是应该尽量穿着符合身体尺码、易于穿脱的服装和内衣。如果工作对着装有很高的要求,那至少在没有外人在场的时候脱下高跟鞋、打开衬衫的第一颗纽扣、脱下外套,给自己片刻放松的时间。

当然,在家的时候没有压力,完全可以选择质地亲肤的家居服。我们当然不会穿着内衣出门,所以可以多考虑考虑能尽量让自己感到舒适的款式及材质。

第 3 章

改变"我做不到"的习惯

想一想"自己的判断"和"自己的选择"

如果被委任了不擅长的工作,或者被不太想见的人邀请共进午餐,我们往往会感到心情沉重。想必,当中有些人会责怪自己为什么不能果断拒绝委任或者邀请。这时候,请试着改变一下自己的想法吧。"不擅长"也好,"不想见"也好,这些情感都是我们自己内心的判断呀。觉得"不擅长"这份工作的人是你自己,认为"不想见"对方的也是你自己。不不不,我并没有否定你对他人心生厌烦的情绪,也决不会对此加以评判。只是,如果您能意识到压力的来源在于自己的选择或自己的思考方式,会不会在某种意义上放弃挣扎,然后心情稍微轻松一些呢?希望您可以接受"自己给自己带来了些许压力"的现实,然后让阴云密布的心情快点儿晴朗起来吧。如此这般,沉重的内心世界也一定可以步履轻盈起来。

每天吃一次青鱼

您平时多久吃一次鱼呀？鱼的价格略高于肉，而且难于料理，可能很多人都因此不太吃鱼。而说到青鱼，其料理难度会更大。不过青鱼的脂肪具有缓解不安情绪的积极效果。竹荚鱼、秋刀鱼、沙丁鱼、鲭鱼等青鱼体内，也含有大量的多元不饱和脂肪酸。除青鱼以外，植物油中也含有这种多元不饱和脂肪酸，同样具有缓解疲劳的功效。

最近，多元不饱和脂肪酸对消除不安情绪的效果特别引人关注。日本专家的研究表明，如果每天都吃青鱼，可以使不安的情绪得到缓解。理想的状态下，应当每天都吃青鱼，但从实际的角度出发，3天吃一次也好。虽然做起来麻烦，但好在市面上有生鱼片和青鱼罐头销售，它们的效果也是一样的。一盒鱼罐头的分量，比较接近一日应摄取的理想分量，而且还可以长期保存。罐头的款式多种多样，而且价格合理，可以多买一些回家囤起来备用。

多看看暖色系颜色

最近很流行色彩诊断。据说只要掌握了与自己更加契合的色彩，就能展现出更有魅力的个人风格。您有没有参考过这种诊断的结果呢？其实，颜色不仅能突显我们的个人魅力，更对我们的心灵产生巨大的影响。有调查表明，心情低落的人，更倾向于选择冷色系（蓝色或绿色）和白色、黑色、灰色这种无色服装。也许这种冷色系和无色系可以作用于副交感神经，让人的心情比较平和。

相反，红色、橙色等暖色系，对交感神经的作用更为突出，甚至可以带来提升体温、活跃心情的效果。偶尔心情低落的时候，很可能无意识地就选择了暗色的衣服。但如果您能意识到这一点，请试着换成颜色鲜艳的服饰吧。哪怕只改变小配饰或领带的颜色也好，只要让目光所及里有一点点光芒就好。

让我们从颜色里获取力量吧。

不要懊恼优哉游哉的生活方式

优哉游哉地看日升日落,回过神来的时候这一天又快结束了。这时候,免不了会懊恼自己"怎么就又荒废了一天",然后产生低落的情绪吧?别这样。如果带着消极的心情结束一天,睡眠的质量会受到影响,然后使这种忧伤的情绪一直持续到第二天。我们总不能带着疲惫的身体去迎接明天的工作和家务吧。

从现在开始,悠闲度日之前先计划一下吧。例如:"明天可以一直睡到中午!但是,至少晚饭要好好做、好好吃!"再例如:"这一周可累坏了,周末追追剧,看看一直没时间看的漫画吧!"这些计划能赋予悠闲时光一些意义,这样才不至于到时候懊恼。反过来想,或许正因为有计划,并且完成了计划,可能还会获得成就感呢。在美好的心情中结束一天,该多好呀!

优哉游哉的目的是为了放松身心,别让自己感到后悔和懊恼才对。

让失误变成正向契机

如果不慎失误,免不了会责怪自己"怎么会做出这种事情",然后心情变得低落。而且有人会因此好久都不能重新振作起来。虽然我们都希望没有失误、一切顺遂,可是人就是会犯错的生物呀。没有完美的人,就连那些看起来风生水起的成功人士,也是在经历了过往种种失误之后才成长起来的。

"失败是成功之母",这句老话一语中的!犯错的时候,要告诉自己"这次失误的原因是因为太紧张了,下次好好准备就能避免",或者"还得多确认几次才行"。也就是说,从失败中吸取教训,然后从失败中探索出积极和正面的意义。如果失误以后不反省,任由消极情绪无限蔓延,那又怎么才能从中获取经验,防止类似情况再次发生呢?其实失误的时候,正是我们找到自己弱点的契机。让我们尝试一下调整自己的心态,无论遇到什么事情都从中发现积极的一面吧。

上下楼梯

工作被老板骂,恋爱会吵架,就连朋友也离我远去……可能有些时候,你会感到诸事不顺吧?这种时候,没必要勉强自己"赶紧调整情绪",因为勉强去做也不会有什么效果。而且有些人在这样的情况下,真的会越努力越消极。心灵的问题,不一定要从心开始,其实从身体上调整也是个有效的手段。为此,我们可以简简单单地爬爬楼梯。家里也好,公司也好,哪怕在外面,都能随处找到台阶吧。但这可不是单纯的步行。在台阶上一级两级地上、一级两级地下,片刻之后就可能觉得"那些事情都是浮云……"了。

如果你不信,可以试试看。身体活动起来以后,血液循环得以改善,而且有节奏的上下楼梯运动可以促进副交感神经的活动,从而改善与交感神经的平衡。等身心舒缓以后,再去思考努力解决问题吧。这时候,脑海中可能马上就能浮现出上佳的方案。

按照自己的节奏处理电话、邮件和社交媒体

我们,都是"手机在手、天下我有"的人吧。除了电话和短信之外,登录各种社交媒体以获取信息的生活已经成为我们的日常。所以,我们完全可以24小时全天候地与他人保持联络。与相处融洽的朋友开怀大笑,与亲密爱人低语呢喃,这些都是非常幸福的时光。但如果完全配合对方的节奏,会不会不经意间失去了自己的时间呢?如果不擅长处理这样的节奏,就会感到巨大的压力。而压力可以直接引发自主神经的失调。简单来说,如果总是配合对方的节奏无限畅聊,多少会在身体上出现不适的症状。

所以,有消息进来的时候,先来个深呼吸做做准备吧。哪怕是喝一口水也好。然后尽量按照自己的节奏回复消息。还有一个很关键的法则,就是给自己定一个例如"23时以后免打扰"的规定。别被对方带着走,也找找自己的生活节奏和习惯吧。

不要把忍耐当作理所当然

"我忍忍就好了呀",您有没有选择这种随时迎合他人的生活方式呢?"因为不好意思拒绝而每天加班","因为在意别人的目光而不敢表达自己的意见"……像这样在忍耐中度过人生不是"理所当然"的吗?其实,与他人相处的时候,如果一直感到自己在忍耐,那就不能算得上是一段正常的关系。更重要的是,你要知道你的人生只属于你自己。

假设你被告知生命只剩下1年的时间,那你还会跟现在一样继续过着隐忍的生活吗?想必,你会挣脱"应该""不得不"这样的束缚,然后跟重要的人度过欢乐的时光吧。任意妄为肯定不对,但是你不觉得每天在忍耐中度过自己的一生很委屈吗?请告别让自己痛苦的人和事,让自己更快乐一些吧。在自己的内心还没被压垮之前,慢慢地、慢慢地,把自己解放出来吧。

服务他人

"我这个人不行……"如果自我认知度不高,就很难获得自信。于是在与周围的其他人比较的时候,往往只能发现自己的短板,从而陷入自我迷失的结局。我们每一个人的存在都是独一无二的,不需要跟其他人比较孰优孰劣。现在,你在这里,这个存在本身就是有价值的。所以,没有必要陷入自我否定而不可自拔。

认为自己不行的人,可以试试为他人提供服务。心理学家阿尔弗雷德·阿德勒认为,为他人提供服务,是使个人获得幸福感的条件之一。例如在公交车上给残障人士或高龄者让座,这时候,接收到对方的谢意,是不是幸福感会油然而生?这与自我表扬有异曲同工之妙。反复这种行为,您会获得"我是可以关照他人的人"的积极认知,从而进一步建立自我肯定的意识。

多说正面情绪的语言

如果什么事情都看消极的一面,那么自己的思考方式也会向消极的一面转变。但是有一种理论认为,积极的思考方式和消极的思考方式多少取决于遗传基因。如果消极的人勉强自己实现"正面思维",怕是会引起大脑混乱,导致更加消极的想法。如果这样,请借助一下语言的力量吧。只要把说出口的话改成更积极的语言就好。即使在诸事不顺的日子里,也多用"下一阶段肯定会顺利的""没关系""明天肯定能有所改善"这种表达方式。或者可以留心发现积极的细节,然后用"只要这里处理好就可以啦"这种方式表达出来。与他人交流的时候,养成用"谢谢"这种正面的语言代替"对不起"和"抱歉"的习惯。

持续一段时间以后,内心深处会接收到积极的能量,然后遇到更加积极和阳光的自己。

决定好了就勇往直前，反省的环节放在后面

出门前明明想好了"今天就穿这身衣服出门"，可出了门就觉得"怎么这么奇怪？""穿另一双鞋就好了"。您一定有过这样翻来覆去的时候吧。除每天的穿搭以外，还有工作安排、跟朋友或恋人的约会等，我们生活里需要做决定的事情实在是太多了。如果每次做决定的时候都前思后想、犹豫不决，那可实在太烦心了。虽然我们决定之前要经过充分的思考，但一旦决定了就不要再迷茫！去做！即使错了、生气了、懊恼了，也可以把这些心情写在笔记本里或记录在手机的备忘录里，然后让它们随风而去吧。等心情平静下来以后，再重温一下发生的事情，然后稍作反省，以免再次发生。决定了就不要后悔！我们应该带着这种自我意识，向这个方向整理自己的情绪。

如果养成这个习惯，自省的次数一定会变少的。

放弃完美主义

非0即1,非黑即白,这是典型的完美主义者的思考方式。完美主义者很容易陷入"不允许失败,必须考100分""按常识来说只能这样做"的旋涡中。就连恋爱的时候,也会因为对方回复消息的时间稍有延迟,套入非0即1的公式,开始怀疑"他是不是讨厌我"。可是不要忘记,这个世界上还存在着灰色这样的中间区域。或者可以说,几乎所有的事物都存在中间区域。

人的意见有对有错,天气变化有阴有晴,人生际遇有浮有沉……这些经历的过程里并非只有坏事。完美主义的人往往会放大不好的事情,忽视好的事情。也就是说,他们会把小小的失误当成巨大的失败,把得之不易的成功视为运气使然。

让我们把视野放宽一些吧,放开那些所谓的"思维定势"。您会意外地发现,生活多么美好!

不要什么都跟自己联系在一起

看到年轻人工作失误的时候,会不会暗自想"要是自己帮帮忙就好了"?如果身边发生了什么跟自己无关的坏事,千万不要往自己的身上揽责任。如果自己做了错事却责怪别人,肯定不对。同样,把别人的责任揽到自己的身上也会消耗自身的精力。

对别人没做好的事情,不要感到过分的难过。如果您从事管理岗位、教职员工、公益等需要向他人提供支持的工作,很容易不小心让自己陷入这种思维谬论里。

就算你跟职场里的同事有着千丝万缕的关系,也并不意味着你们是同一个人。你们各自的背景、经验和常识不一样。家长和子女之间尚不能完全承担彼此的责任,何况是职场里的同事或相关方呢。自己是自己,别人是别人,一定要区分开来,冷静思考。

HEKOMANAI
44 ~ 62
———
100

第 **4** 章

改掉"打不起精神来"的习惯

起床以后,拉开窗帘沐浴清晨的阳光

早晨醒来,请马上拉开窗帘沐浴阳光吧。在前文中曾经提到,早晨的阳光可以帮助我们重启体内的生物钟,打开身体活动的开关,让身体和精神都进入新一天的状态。重点要让整个身体都沐浴在阳光里,感受太阳的能量透过每一个毛孔进到我们的体内。如果同时做做拉伸运动,让身体活动开,就会收到事半功倍的效果。

最近有些酒店,特意为客人装配了自动开启的窗帘。在客人设定好的起床时间,窗帘会自动拉开,然后让阳光照进房间。我们不太容易在家里安装这套设备,但是我们可以选择遮光效果没那么好的窗帘。早晨在若隐若现的阳光中自然醒来,然后等待身体自动在16小时以后分泌出促进睡眠的褪黑素,带着我们在夜晚安然地进入梦乡。只要能在早晨沐浴到阳光,我们的生物钟和自主神经之间就能保持良好的平衡。如果白天一直待在室内,那至少让自己晒晒清早的太阳吧。

用1分钟的冥想来放松

感觉疲惫和紧张的时候,请一定试试花1分钟的时间来做做冥想。所谓冥想,就是把"精力集中在当下这个瞬间"。什么都不想,只是闭目凝神地深呼吸。鼻子吸气,嘴巴呼气,让紧张的情绪随着呼气排出体外。即使脑海里思绪万千,也别追着它们不放,放任这些思绪自由飞翔吧。例如脑海中出现了"明天的演讲失败了可怎么办"的想法时,接受它,但是不要继续深入思考。不要深陷脑海中的思绪,更不要判断这些念头的是非,这一点很重要。

尝试审视自己的思想,当你能够客观地去审视,心情就会慢慢平复。请尽量选择安静的地方,穿宽松的服装。如果碰巧外出,可以借用就近的洗手间。这样短时间的冥想,可以帮助我们控制压力,感受到些许的身心放松。另外,在冥想过程中保持注意力集中,才能达到预期的效果。

睡 30 分钟的午觉

我们常在午餐后被"睡魔"偷袭吧。这时候,只能依靠咖啡或者清凉薄荷糖来抵抗。餐后的睡意,源自身体要优先消化食物的安排,这时候副交感神经正处于努力工作的状态。如果实在太困,不如放弃抵抗,小睡30分钟的午觉吧。只要30分钟,醒来以后就会精神焕发,不会对下午的工作产生什么影响。我们可以把中午的小憩叫作"充电睡眠",而且确实有研究表明午睡对消除疲劳有很显著的效果。也正是因为这个原因,午睡醒来以后注意力和学习能力会有所提高,下午的学习和工作会事半功倍。

如果午睡的话,请尽量选择避光幽暗的地方。如果不能关闭房间里的照明,可以自己准备一副眼罩来遮光。另外,喝咖啡后,需要30分钟左右才能发挥功效,如果睡前喝下去正好在醒来以后奏效。如果觉得30分钟太长,哪怕稍微闭一下眼睛让大脑稍事休息也好。为了提高下午的工作效率,可以试试看。

摄取低 GI 的碳水化合物

最近,控糖的减肥方法非常流行。虽然很多人为了减肥首先放弃了主食,彻底戒掉米饭、面包、面条等食品力争快速瘦身,但我并不推荐这样极端的减肥方法。毕竟,大米这种主食中含有的碳水物质可以给身体提供主要的能量,是身体重要的营养来源之一。如果摄入的碳水不足,体力会下降,疲劳感会增加,大脑会因为缺乏能量而变得反应迟钝。我们知道,摄取的糖分不足会引发记忆力下降,同时还会引起血管提前老化。"但是如果不减肥……"如果您有这样的担忧,尝试一下低GI碳水化合物吧。例如荞麦、糙米、全麦面包、意大利面、燕麦粥等,都属于低GI食品。简单来说,大家可以有这样一个基本的认识:茶色食品的GI值要低于白色食品。吃了GI值较高的食品以后,会让我们的血糖快速上升,带来困倦、疲劳等问题。不要被减肥冲昏了头脑,记得给身体和大脑补充充足的营养呀!

巧妙地利用间食

傍晚时分,肚子饿得什么都不想做了!可能有人为了减肥特意戒掉了间食,但还是适当地吃点儿间食吧!我们所熟知的减肥,要求控制热量、控制油脂、控制糖分……反正什么都要"控制"。可是人偏偏越被嘱咐"不能吃",越会对吃东西这件事儿产生心向往之的执念。正确摄取间食,其实能防止在正餐的时候暴饮暴食,成就不易胖体质。而且肚里有食,还能让我们心平气和,保持注意力。

所以,我们不妨这样考虑:间食≠点心。尝试用酸奶、芝士、煮鸡蛋、鱼肉香肠等高蛋白的轻食来充当间食吧。另外,还推荐蔬菜棒和坚果类食品。两者都富含营养,有饱腹感,非常适合充当间食的角色。而"甜蜜的间食",可以偶尔拿来犒赏一下自己。

摄取大豆类食品

豆腐、豆浆、纳豆,这些都属于大豆类食品,它们富含异黄酮。那您是否知道,异黄酮的作用与雌性激素的作用非常类似呢?所以说,大豆类食品对女性非常友好。除了异黄酮以外,大豆里含有的色氨酸等多种氨基酸成分都有促进大脑分泌快乐激素血清素的功效。如果最近心情低落,或者没什么精气神儿,请一定要吃点儿大豆类食品。

吃的时候,一定要仔细咀嚼。咀嚼有益于消化,同时大脑在咀嚼的过程中,也会积极分泌血清素。请带着一口咀嚼20次的意识慢慢吃饭才好。无论多忙,每天都至少要保留一次充分进餐的时间,让血清素的分泌尽快提升起来。正如前文中提到的一样,乳制品、坚果、鸡蛋、香蕉中富含的色氨酸对我们的身体有非常积极的作用。心情不好的时候,请一定要把这些食品放到食谱里来。

摄取 MCT 油

如果您对健康和美容感兴趣,想必一定听闻过MCT油。MCT油是用椰子和棕榈油中的天然成分制作成的油。它虽然叫作油,但却很难作为脂肪储存在身体里,有利于实现减肥瘦身的目的。除此之外,我们还知道MCT油对缓解脑部疲劳有显著的功效。通常来讲,大脑的营养源是葡萄糖。但只要适量,MCT油形成的酮体也能成为大脑强有力的能量来源。

因此,我们可以在工作和学习感到疲劳的时候来一茶勺MCT油。MCT油无臭无味、质地清爽,与其他食材一起烹调也不会改变食材原本的味道。您还可以试着把MCT油与酸奶、咖啡、汤、沙拉拌在一起吃,非常简单。当您莫名觉得没精打采的时候,请一定要摄入一点儿MCT油,让它给大脑提供一点儿新的能量吧。

多看看蓝色

您在工作学习的时候,用的文具和电脑都是什么颜色的呢?我想,大多数人都会根据自己对颜色的偏好来选择吧?但对于注意力总是难以集中的人来说,推荐您选择蓝色的物品。这是因为蓝色有益于平复我们的心情,促进血清素的分泌,有提高注意力的作用。特别是在工作截止日期将至、大考临近的时候,蓝色物品的效果更加显著。看看蓝色、深呼吸,然后重新投入手头的工作和学习里吧。除了蓝色以外,同为蓝色系的青绿色和湖蓝色也具有相同的效果,大家不妨一试。

另外,蓝色促进血清素的分泌以后,我们的食欲会在一定程度上被抑制。如果您觉得自己吃得太多,可以把盘子、桌布、餐垫等换成蓝色系试试看。相反,红色能给我们带来能量,具有让我们在精神层面更加活跃的效果。所以在必须要屏气凝神、集中注意力的时候,不建议选择红色的物品。

在有限的时间内做出决定并付诸行动

本来想集中注意力好好工作，脑海里却总是浮现出"要是发生了那样的事情可怎么办""想想日程安排，会不会跟其他事情发生冲突"等无关紧要的事情。一来二去，心思涣散，再也没办法把精力集中在眼前的工作上。与男性相比，大多数的女性都拥有同时兼顾很多事情的"多核处理器"。因此，她们有时候很难把精力集中在一件事情上。

如果需要专注于眼前的事情，首先限制好时间吧。人类可以高度集中注意力的时间，不过只有15分钟。据说，人类注意力的极限只有15分钟的3倍——也就是45分钟。小学的一课时设定为45分钟，是有其理论基础的。如果从事一项工作，可以在45分钟左右起身稍事休息。决定要限制时间以后，我们的心态也能比较平和，相比注意力可以高度集中。所以，就算是相同的工作时间，也一定可以更加事半功倍。

天气不好的日子选择色彩明亮的穿搭

天气不好的时候,免不了做什么事情都提不起兴致。最近,我听说了一个叫作"天气病"的词儿。难道因为天气不好心情就不好的人越来越多了吗?其实,天气的变化确实会让自主神经的活动发生变化。晴朗的日子,交感神经的活动比较强势;阴雨天气的时候,副交感神经的活动更为活跃。难怪阴天的时候我们想要休息呢。

不过话说回来,我们不能每逢阴天下雨就向公司请假,这时候,用色彩明亮的穿搭来开启工作热情的开关吧。在前文中提到过,红色是能给我们带来力量的颜色,可用于改善手脚冰凉的症状。橙色可以带来温暖而积极的感觉,具备缓解不安和压力的效果。黄色是接近阳光的颜色,可以表达欢乐的情感,适合用来提高理解力、记忆力和判断力。如果说您不是很喜欢颜色鲜艳的衣服,可以考虑换换内衣和袜子的颜色。只要身上有一点儿明亮的色彩,心情就一定会不一样!

意识到眼下在做的事情

没什么精神的时候,往往思绪会从眼下的事情浮起来,飘得很远很远……明明是在工作时间,却满脑子都想着晚上吃什么,或者周末去哪里玩儿,然后不知不觉就打开网页开始搜索相关信息……每到这个时候,请先提醒一下自己眼下应该做什么。例如,吃饭时用筷子夹起米饭往嘴里送的时候,要意识到"现在我正在吃米饭"。喝水的时候,意识到"我现在正在喝水"。洗脸的时候,意识到"我现在正在洗脸"。虽然看起来非常琐碎,但这样的细节能让意识集中在眼下在做的事情上,从而提高我们的专注力。

通过意识到我们眼下正在做的行动,减少工作中无关紧要的思绪,才能让注意力完全集中到工作上。虽然很难做到完全心无杂念,但我们可以试着通过这种方法专注于手头的工作,养成注意力集中的好习惯。

不要动脑筋。动手！

有时候，明明知道"有好多好多的事情要做，可就是打不起精神来"；明明知道"需要赶紧振作起来，可就是振作不起来"。这时候，先让大脑停下来，动动身体动动手吧。例如整理手边的纸质资料，收拾一下工作区域，或者做一些简单的、不需要动脑的工作……什么都好，反正先让手和身体动起来。常见一些人在进入繁重的工作之前，要先收拾收拾桌子。其实这是有理论依据的。

心情好的时候，桌子周围乱一点儿也不会在意。但如果本来就没什么干劲的时候，是不是看什么都觉得不太顺眼？这时候，不需要勉强自己坐在电脑前面等待工作热情自己降临。试试动动身体动动手吧。身体动起来以后，身体的血液循环通畅，自主神经的平衡得以协调，这样才能让身体和注意力做好迎接工作的准备。

姑且先站起来

大家每天要坐多长时间呀?居家办公的时间变长以后,恐怕我们坐着一动不动的时间反而更长了吧?其实,日本是世界有名的"坐国"。在对世界上的20多个国家进行调查以后,发现日本和沙特阿拉伯并肩成为坐着时间最长的国家——每天要坐7小时。长时间坐着不动,血液循环不畅通,会让身体的代谢变慢。办公室工作的人,常苦恼于下肢水肿的问题,这正是血液循环不畅的实证。如果一直坐着不动,难免变得思维缓慢,注意力不集中。

最近的一份研究报告,给出了非常惊悚的研究结果。"连续坐1小时,生命会缩短22分钟;每天坐8小时以上,死亡的风险会更高!"在兼顾我们健康的同时,在需要聚精会神工作的时候,至少需要每个小时站起来休息一会儿。简单地拉伸一下或者喝一杯水,只要这样就可以了。

常用物品要定期更新

我们大多数的人，都过着早起夜眠的规律生活。早晨起来工作，下班以后吃饭、洗洗澡睡觉……这种日复一日的生活，会不会让您感到些许无奈和厌烦？

为了让这种波澜不惊的生活有点儿新意，可以考虑定期更换常用的物品。例如手机、衣服、鞋子、化妆品、钱包、厨房用品、房间摆件等，什么都可以。想想看，穿新衣服出门的日子，是不是会有种焕然一新的感觉？这种焕然一新的快感，正来自多巴胺的刺激。只要这么一点点的改变，就能让积极的心态油然而生，整天都沉浸在愉悦当中。

常用物品跟价钱无关，哪怕更换一支圆珠笔也好。小小的变化，一定会带来大大的改变。

使用闹钟

上学的时候,做完早操以后上课,然后就等待下课铃带来"告一段落"的讯息。想想那时候,铃声响起的瞬间是否会让您感到身心放松?但现如今居家办公的时间越来越长了,我们的时间感好像都有点儿混乱了。如果真的这样,请重温闹钟的意义,充分发挥铃声的作用吧。

首先,早晨闹钟第一次响起时,应该起床了。下一次闹钟响起时吃饭,再次响起时换衣服,再次响起时开始工作……进入工作状态以后,疲劳会慢慢积累,我们也可以预先定好闹钟来提醒自己到了休息时间——可以吃点儿间食,也可以做做间操。这样张弛有度的时间规律,能帮助我们保持旺盛的精力,调整生活节奏。其实,我的闹钟每天都会响好几十次。我告诉自己,在闹钟响起之前都要保持专注,这样一来反而能让工作更高效。与其漫不经心地消磨时间,不如灵活使用闹钟,让生活拥有节奏感。

积极尝试新鲜事物

多巴胺与快乐的情绪、积极的心态、注意力的提升、感性思考和理性意识有着密不可分的关联性。我们知道，饮酒、吸烟和赌博的时候，我们的身体就会分泌多巴胺，这种快感让人们一旦成瘾就很难戒掉。这种情况无疑百害而无一利，但只要我们正确发挥多巴胺的功效，就可以收到意想不到的效果。因此，我推荐大家多尝试新鲜的事物。因为新鲜的事物，可以带给大脑良性刺激。

说到新鲜事物，大家不要有太大的心理负担。例如换一条上班的路线、去一家没光顾过的超市购物等简简单单的事情就可以。这种改变会让大脑感受到新鲜和成就感，从而促进大脑活性化。如果觉得自己最近没什么劲头，那就积极尝试一下跟以往不一样的事情，给大脑带来些新鲜的气息吧。

确认自己放空时的状态

刚刚结束了一段高度集中的工作,刚刚看完了一场引人入胜的舞台剧,忽然放松下来的您是否会觉得大脑一片空白呢?或者日常生活里,您是否觉得自己在"放空"的状态呢?其实,这是在大脑高度集中之后的小憩,但同时也在高速运转着。说到高速运转,并不意味着大脑在思考或记忆。放空的时候,大脑其实正在进行错综复杂的运转——在各个领域之间搜索和查找某些记忆、探索曾经的情感、控制某种欲求等。另外,在这种大脑高速运转的状态下,有时我们可以发现内心深处的声音和不曾察觉的潜意识。

在这种状态下,请仔细聆听自己心声和潜意识吧。趁这个机会,好好了解一下自己的内心世界和身体状况。

每天拍摄一张照片

每天拍摄一张照片,有两个重要的目的。其一,要养成每天在固定时间拍照的习惯。其二,要把这个"拍照"的习惯当作开启某个事情的开关。例如,每天工作间隙的时候去买的咖啡、午餐后一定会见到的小野猫、下班后天空的云……什么都好,反正先养成在固定的时间给固定的对象拍照的习惯。这样,拍摄照片这个行为就变成了开启"勤奋的一天"的开关。或者反过来说,拍摄照片也可以成为"辛苦了一天"的结束语。

这个信号,起到了让某段心情告一段落,让下一段心情再次开启的作用。让我们通过"拍摄照片"这个小习惯,巧妙地切换自己的心情吧。

不要忍耐，给自己多点儿宠爱

如果考到了梦寐以求的资格证，或者拿下了大额订单，毫无疑问，这是值得自我褒奖的成就。但就算是面对难缠的人忍住了没发脾气，或者帮助他人完成了筹措已久的工作，也是值得沾沾自喜的成功呀。别忍着，赶紧给自己来点儿赞美。比如去买人气甜品、去一家网红餐厅就餐，总之喜欢什么就来点儿什么吧。对自己好一点儿，可以赋予大脑一种"努力之后有这样的好事会发生"的意识。长此以往，我们可以养成面对问题时，先去思考如何达成目标的思维模式。

如果脑海里浮现出"一定要""不得不"的想法，我们一定会觉得非常有压力。但只要转换成"做到了会有好事情发生"，就一定能涌现出满满的干劲儿。设定小目标，为自己准备小惊喜，这样会使目标更容易达成。长大成人以后，我们很少获得宠爱，那就自己对自己好一些吧，千万别对自己太苛刻。

第 5 章

改掉"意志消沉"的习惯

不要让身体感受到寒冷

我们之前提到过"湿寒是万病之源",身体里的寒气会引发出各种不适的症状。但是,您知道湿寒也会给心理状态带来不良的影响吗?据说"反正我就是不行""努力了也得不到回报"这种消极的情绪,都来自身体的湿寒。可是,为什么湿寒会导致消极情绪呢?

这是因为大脑会把"寒冷"当作消极的事情来处理。大脑通过扁桃体来处理喜怒哀乐等各种感情,一旦身体变冷,扁桃体就会持续做出不快的反应。长时间处于这样的状态,扁桃体会开始烦躁不安,对什么事情都会做出消极的判断。为了避免这种情况,可以让我们的体温慢慢恢复。当大脑感知到温暖以后,消极情绪也会逐渐得以改善。泡泡澡、跑跑步,当体温升高以后,思维方式也会向积极的一面转变。

保持嘴角上扬

在前文中曾经提到过"欺骗大脑"的操作。其实,我们的大脑特别容易受到蛊惑。例如在冗长乏味的会议中,虽然完全称不上愉快,但只要嘴角上扬假装笑一笑,就会让大脑误以为"当下的状况挺开心",然后分泌出血清素,调整自主神经的平衡。这样一来,副交感神经处于主动地位,可以使我们的心跳平稳,心态平和。所以无论悲伤也好,焦虑也罢,都试着让嘴角上扬,假装笑一笑吧。实在不行,看看搞笑的动画片也好。最开始可能有点儿勉为其难,看着看着疲劳和焦虑的情绪就会消失。与此同时,幸福感也会油然而生。

"嘴角上扬,假装笑笑给大脑看",是个十分简单但非常有效的习惯。请大家一定要试试看。

给自己点儿不看手机的时间

一台小小的手机,将我们时刻与他人联系在一起,还可以及时搜索必要的信息。虽说方便,但也的确会让我们的大脑感到疲惫。看手机的时候,我们的大脑一直处于接收信息的状态。只要大脑接收到信息,就要对信息进行即时处理,没有片刻的耽搁。可是如果不休息,怎么可能不累呢?疲劳的大脑会导致执行力下降、判断力下降、注意力下降,就连意志都会消沉。这样一来,就很可能导致抑郁。

为了避免这样的情况发生,让我们规划一段不看手机、不看电脑、不看平板的"脱数字化"时光吧。例如休息日尽量避免社交媒体和网络、不接电话、不碰手机等。只要能让大脑得到片刻的休息,之后的工作效率肯定可以大幅提高。

100

留出取悦自己的时间

认真努力的人,往往有先人后己的行为模式。如果您也是这样,有没有过在夜深人静时回顾过去的一天,叹息着"怎么又是这样"?助人为乐、先人后己的您,优秀得毋庸置疑。可是,要不要偶尔优先考虑一下自己,取悦一下自己呢?

例如,提前计划好"每月第二个周日是取悦自己的时间"!然后拒绝一切和这个时间段冲突的邀请和委托,把时间全部留给自己。但这并不意味着一定要做点儿与众不同的事情。什么都不做也没关系,哪里都不去也没关系。即便心里有烦恼,也要在这段时间里放下烦恼,做点儿让自己神清气爽的事情。

取悦自己,才能重整旗鼓!

彻头彻尾地讨厌自己

陷入情绪低落、困惑迷茫的状态时,好像看什么都不顺眼。要是对自己的质疑已经到了"我这样的人太讨厌,还不如消失呢!"的程度,反而可能是个改变的良机。谁没有忽然产生自我怀疑的时候呢?

这是因为我们自带叛逆的基因。要是谁说了"你不能这样做",是不是您会非常想做一下试试看?相反,如果对方说"请自便",我们也许就失去了非做不可的执念。如果有了自我厌恶的情绪,说明我们对自己有所期待。顺着这个思路往下走,如果我们彻底释放这种"自我憎恶"的情绪,之后一定能有种释然的轻松感。

回过神来,那个"讨厌"的部分好像也没那么讨厌了。让我们学着悦纳自己吧。

号啕大哭

孩童时期,我们无限向往赶紧长大,然后去做那些小时候想做又不能做的事情。可是长大以后,忽然发现有些小时候自然而然能做到的事情,好像再也做不到了,例如哭泣。悲伤的时候,难过的时候,孩子们可以无须隐忍地放声大哭。可是,长大以后,您无拘无束地放声大哭过吗?现实当中,大多数的成年人都会咬牙坚持着不让眼泪流下来。

据说,哭泣有助于缓解压力。流眼泪是一种自主神经的活动,这时候副交感神经处于主动状态,因此能实现放松大脑、缓解紧张和压力的作用。肆无忌惮地痛哭一场之后,人的情绪会得到释放,这也是受到副交感神经的影响。诚实地面对想哭的情感吧,偶尔忘我地大哭一场,无伤大雅!

设定意志消沉的结束时限

到目前为止,我们提到很多次"让消极的情绪触底、让低迷的意欲彻底爆发,然后让自己重新启动"的想法。如此一来,可能有读者会产生新的疑问:"触底了、爆发了,可是应该在什么时候重启呢?"这是个很好的问题。"沉迷多久才好呢?"是呀,要是消极和低迷无止境地弥漫,一定不是个好事情。

消极的时候,让我们定一个结束时限吧。毕竟,消极和低迷就像是一个沉重的大包袱,我们早晚要放手才行呀!负重前行的伊始,尚可忍耐。可是不堪重负的日子很快就会到来。可如果到了这个程度,我们需要耗费很长很长的时间才能让身体复原。心情低落的时候,道理是一样的。决定好结束的时间,其间无须多虑。但是时间一到,请尽快让自己脱胎换骨吧。这样,之后才能很快恢复原状。

触摸小生命

我很意外地得知,有很多人,习惯在入睡前看看小猫、小狗、仓鼠等小动物的可爱视频,然后在治愈中恬然入梦。而且最近,饲养宠物和植物的单身人士好像也在不断增加。动物也好,植物也好,生命总能给人带来欣欣向荣的喜悦。与此同时,可爱的生命还能帮助我们缓解压力。

因为动物自带的治愈能力,现在心理学界已经在广泛应用"动物疗法"。生活里总会有这样或那样不开心的事,但是有数据表明养小动物的人要比其他人的内心更加坚韧。同样,养育植物也同样具有治愈心灵的效果。养育植物看起来简单,但其实更需要专业性、耐心和细心。看着植物茁壮生长的样子,就仿佛看到了自家的孩子,心里的骄傲和自豪只能意会不能言传。

消沉的时候,跟小生命们接触一下吧。让我们在这个过程中获得心灵的疗愈。

与负面新闻保持距离

身体倒是没什么不舒服的,可是觉得心情有点儿低落;虽然生活没什么变化,不知怎么回事儿有点儿郁闷……或许,这是因为您日常接触到了太多的负面新闻。的确,我们每天从新闻中接收各种讯息,而这些讯息大多数都对生活有所帮助。

但是,最近眼睛看到的、耳朵听到的新闻里充斥了好多经济萧条、病毒蔓延、自然灾害、战争等负面消息。是呀,正面而积极的事情不太多呢!这难免让我们开始唏嘘这人世间的清冷和悲凉。持续被这些负面新闻洗脑以后,潜意识里会堆积很多压力,导致我们的心情莫名其妙地变坏。越是同理心强的人,越会在负面新闻中感同身受。如果您已经察觉到负面新闻对自己的影响,就请与这样的讯息保持安全距离吧。

轻柔地抚摸小臂和脸颊

我们知道,生病或受伤的时候,来自亲人和朋友的抚慰总是温暖人心的。可为什么会这样呢?这是因为亲人朋友对我们肢体进行抚摸的时候,可以使我们因为伤病产生的痛感变轻。除此之外,抚摸同样对心灵有抚慰的功效。情绪低落的时候,难免出现很多消极的想法,这样的时候可以摸摸自己的手腕和脸颊,或者轻轻拍打几下也行。有没有感到平静了几分?这个方法叫作"触摸疗法(touch care)",常见于医疗机构。家人、恋人、宠物,与这些生活中的伙伴接触的时候,我们都可以试试彼此抚摸。

这样的肢体接触,会让抚摸的一方和被抚摸的一方同时分泌出"催产素"。催产素,也被称为"幸福激素"或"治愈激素",具有降低压力、缓解情绪的作用。

如果感到情绪低落,请一定要试试这样的"催产素触摸"。

100

不要以为不好的事情会一直发生

早晨上班路上,居然遇到了公交车故障?!来到交叉路口,怎么一直是红灯?!限定发售的套餐,偏偏在自己前面的顾客那里就售罄了?!打印资料的时候,打印机突然卡纸?!等了好久电梯都不来……这种小小的"霉运"积累在一起,你会怎么想?也许会产生"怎么会这么倒霉……"的想法吧?是的,我们没有必要故作轻松地告诉自己"这没什么"。这一天,可能没什么好运,但是你要知道这只是我们漫长人生当中的"一天"而已!就算我们把时间单位缩短到一年,也不过是1/365而已。

您还记得一年以前的烦心事儿吗?几乎没有人能脱口而出吧。不走运的事情不会持续一年的时间,更不会持续一生。让我们改变思维方式,从源头上遏制压力产生吧。

第 6 章
改掉"心神不宁"的习惯

保持手脚温热

所谓不安,就是"一种莫名其妙的心神不宁"。在公众场合演讲之前的心跳,在重要考试来临之时的紧张,都会产生很难用语言表达的不安。

不安情绪的根源,来自直面重大压力情景时产生的生理反应——例如手脚变得冰凉。而这种生理反应会投射在精神上,从而造成不安的情绪。如果说一整天手脚都处于冰凉的状态,这种巨大的压力将直接影响到自主神经。这样一来,不安情绪和生理反应相互作用,形成恶性循环,终将影响到我们的日常生活。时有耳闻的"焦虑障碍"就跟这样的压力有一定的关系。为了改善手脚冰凉带来的不安,我们可以尝试活动活动身体,使用一些保暖工具。察觉到开始紧张的时候,试着深呼吸,让自己平静下来吧。如果可能,看看能否让自己敏感的神经变得更粗犷一些。

装"死"

烦恼的事情,是导致不安的原因之一。有些事情,令我们百思不得其解,然后一步步把我们拉进纠结的旋涡。这时候,不要勉强自己去面对百思不得其解的难题。闭上眼睛,假装"自己已经不存在了"吧。别小瞧这个事情,这可是我的必杀技——"装死作战"呢!

一定有人会问,这么做又有什么意义呢?其实这么做,对缓解不安有出乎意料的好处。假装自己不存在,从所有烦恼中解脱。也就是说刚刚还不堪其扰的事情,现在已经不用再去面对和解决了。如此一来,心情是不是轻松了很多?所以,试着想想"自己已经不复存在"了,感觉一下烦恼的事情开始分崩离析的样子,让自己切换到"不再烦恼"的思维方式。在努力到筋疲力尽的时候,这个方法也同样有效。为了守护自己的心灵,请一定要试试这个"装死作战"!

仔细咀嚼

老话说"吃饭要细嚼慢咽"。主要的理由无外乎两点,首先细嚼慢咽有益于消化,其次吃得太快会导致肥胖。其实除此以外,细嚼慢咽还有帮助我们屏蔽压力的效果。口腔里有很多重要的神经,这些神经连接着大脑和身体。而咀嚼的动作能够刺激这些神经,抑制大脑扁桃体的活动。我在前文中介绍过,扁桃体会把不愉快的感情当作恐怖和不安来处理。如果抑制扁桃体的活动,就能减少由其产生的压力。

另外,咀嚼能促进唾液分泌,这一点也与缓解压力密切相关。唾液的增加,会降低唾液中含有的压力激素皮质醇的浓度,起到降低压力的作用。嚼嚼口香糖,吃饭的时候多咀嚼,慢慢让紧张不安的情绪消失掉吧。

把讨厌的事情写在纸上,然后撕碎扔掉

在医院的心理科,有这样一种行为疗法。医生会建议有强烈不安情绪的患者"把讨厌的事情写在纸上,然后撕碎扔掉"。书写文字的过程中,我们能够整理自己的思路。而把这些写满了不开心的纸撕碎,可以非常有效地缓解我们的压力。这种方法,对我们日常生活中遇到的不安、压力、不愉快都有显著的疗愈作用。如果您现在也有烦恼、不安等负面情感,就可以用这个方法先列个"烦恼清单"。"被人说坏话""看了网友的留言真是觉得火冒三丈"等,什么都行。写完以后,把纸撕碎扔掉。这么做以后,心情好些了吗?

所谓烦恼,你越是抱在怀里,它就越气焰嚣张。把它们写下来,用旁观的视角审视一下,你会意外地发现其实没什么大不了的。每个月用这种方法让自己翻开新的篇章,别再让自己在烦恼中止步不前了。

决定好明天的穿搭

苹果的创始人乔布斯,生前一直以黑色高领衫的形象示人。这一身固定的穿搭风格基本成了他的代名词。脸书创始人马克·扎克伯格也一样,一直穿着同款的灰色T恤衫。据说,他们因为"不想浪费时间去想穿什么衣服",才做出了这样的决定。

的确,在忙碌的早晨很难花心思好好想应该穿什么衣服。时间在犹豫不决中飞速流逝,于是开始急躁,好不容易出门以后还是会因为"穿错了"而后悔。如果这种日复一日的忙乱已经成了常态,就会让新的一天始于负面情绪,变成引发心绪不宁的导火索。我们无须效仿乔布斯和扎克伯格的穿衣风格,但可以学习他们提前准备好服装搭配的思路。例如前一天选好准备穿搭的套装和手提包,早起穿上就能出门。这样的节奏是不是好一点儿?只要这样,清早的急躁和压力就能消失大半。习惯一下"不为明天的穿搭烦恼"的生活吧。

客观审视自己的不安，然后接受它

我们都觉得，只有"自己最了解自己"。但令人意外的是，事实可能并非如此。其实我们有时候往往对自己的状态视而不见。只要没因为"精疲力尽到晕倒"的地步，恐怕大多数人都意识不到我们的身体和心灵正经历着怎样的艰辛和困苦。我们应该正确了解自己的状态，养成客观审视自己的习惯。

这时候，可以请身体里的"另一个自己"登场。要是有点儿烦躁，可以自言自语地出声问问自己"为什么烦躁"。与自己的对话，能让我们客观地审视自己的状态。要是通过这样的对话，找到烦躁的原因可能是生理期马上就到了……养成反复与自己对话、客观地审视自己的习惯，定能帮助自己减少不安。

故意找点儿无关紧要的事情来做

准备在紧要的会议或讲座中发表资料,或者将要在很多人面前讲话的时候,内心一定惶恐不安吧?可越是觉得"好紧张",脑海中的不安情绪就会越发膨胀。我们都有过这样的体验。被紧张和不安席卷的时候,只需"故意找点儿无关紧要的事情来做",就能轻松地解决这个问题。

例如,看看会场或会议室挂钟的形状和厂家,阅读一下面前饮料瓶上写的成分表和标签,确认一下参会者带了什么样的笔记本电脑等,这些本来无关紧要的事情,可以在不经意间缓解我们心中的不安和紧张。相反,如果刻意要求自己"别紧张""不要慌"的话,反而会给大脑带来更多的压力。因此,推荐您找点儿简单易行的事情来分散自己的注意力。

把担心的事情锁进"担心盒子"里

回过神来,发现心里充斥着满满的不安。可是好想从这种心情沉重的状态里解脱出来,赶紧集中精力处理眼前的事情……这时候,你需要做的是摆脱正在控制着自己的担心和不安,并且把它们妥善安排好。例如,在心里新建一个"担心盒子",把不安的心情存放在里面。或者也可以把焦灼的情绪写在一张纸上,然后装进带锁的抽屉。还可以直接在手机里写备忘录,然后设定密码保存起来。总之,只要能把它们暂时忘掉、暂时放下,使用什么方法都可以。

的确,这样做并不能让烦恼真正得到解决。但只有给自己解脱片刻的机会,才能找回客观冷静的状态。让我们把脑海中的烦恼和不安,妥善地存进"担心盒子"吧。

告诉自己并非孤身一人

有烦恼的时候,看看能否可以跟亲朋好友倾诉吧。如果可以的话,把自己的烦恼和不安向对方倾诉一下。烦恼,一定要说出来才好。在叙述的过程中,你正好可以在大脑中整理一下思路。通过整理,自然而然地分析出合理的解决方案。另外,跟对方述说烦恼的过程,就好像把沉重的担子分摊到了两个人的肩膀上一样,具有平复心情的效果。

如果身边没有合适的人选,可以考虑匿名在社交媒体上发消息。能与你心灵相通的人,在看到以后一定会给予你回应和力量。但如果选择在社交媒体上进行沟通,请务必保持好与对方的距离感。

无论什么样的情况,都不要把自己逼到死胡同里,更不要陷入"我孤身一人、孤立无援"的沼泽。你要知道,"我并非孤身一人"。

确认自己拥有的一切

多数人在跟别人比较的时候,总是更容易关注"自己没有的东西"。有人羡慕别人有名牌包、高级鞋、限量款化妆品,甚至产生嫉妒心理;有人自责为什么自己没有优越的物质条件。比来比去,心里只留下了疑惑和烦恼。但是,就算没有名牌包,没有高级鞋,没有限量款化妆品,人生又有什么不幸吗?

也许真的会有人因为物质的缺失而感到不幸。可是仔细想想,您是否已经拥有了很多别人没有的东西呢?反过来说,别人有的,自己也一定要拥有吗?并非如此。有人会对他人拥有的显赫家世、优良教育、雄厚资产等感到羡慕。可是别忘了,"幸福不是因为拥有的多,而是因为抱怨的少"。

100

把不开心踩在脚下

在相扑比赛当中,常常可以见到相扑高高抬起一条腿,然后重重地踏在地面上的动作。这个动作,意味着脚踏实地、威震四方。每每看到这个场面,我总是感到身心为之一振,随之而来的则是心态的平和。

遭遇艰难困苦、烦恼焦虑的时候,我们总会潜意识地要求身体跟上节奏!具体来说,这种潜意识会体现在涨红的脸颊、急促的呼吸、僵硬的肌肉、紧绷的肩颈等。但是我建议您,当您再次被这种感觉"袭击"的时候,让自己深呼吸几次,然后跺跺脚。用力踩地的动作能平复激动的情绪,让身体的力量向下沉,同时让心情得到些许的放松。类似的深蹲动作也有相同的功效。

不安的心情,往往可以通过这种格外简单的行为来消解。反正不会损失什么,何不一试?

拥有几种压力

一定有读者会感到奇怪:"希望压力少一点儿还来不及呢,怎么还要拥有几种压力呢?"其实,这个说法的背后有充足的理论依据。

压力当然越少越好。但如果生活中完完全全的无事一身轻,也是一件很可怕的事情。例如只在一个地方做兼职,如果这个店家关门,自己的生活来源就会忽然中断,从而陷入世界末日般的惶恐之中。要是同时在几个地方做兼职,就能通过在"其他地方多加把劲儿"的方法来缓解压力。

压力的道理与此相同。如果我们只专注于一件事情,难免出现钻进牛角尖的倾向。但如果有那么几件别的事情来分散我们的注意力,压力的耐受性就能随之变得强大起来。别让自己沉迷于一件事情里,选择兼济天下的心态,提高自己的压力耐受性吧。

第7章 改掉"焦虑不安"的习惯

定期眺望室外景色

总有做不完的工作，说宕机就宕机的电脑……意外不断、时间紧迫，别提心情多糟糕了。一般来说，让我们心情焦虑的原因有两个。一个是事物的发展不遂人意，这让我们心生焦虑。另一个，特别是对于女性来说，内分泌的变化会导致非常微妙的心理变化。如果说还有什么其他原因，那就是以上两个原因的结合了。

感到焦虑的时候，有几种不同的解决方法。如果您正处于室内，可以抬头看看天空，休息休息眼睛，放松一下心情。

无论多忙，都要记得抽空深呼吸，仰望一下蓝天白云。灵活地调整心情，整个人都将轻松许多。

每日3分钟的腹式呼吸

腹式呼吸，需要吸气的时候鼓肚子、突起的时候收肚子。让我们感受一下空气从鼻子慢慢地进入身体，然后聚集在肚子里。接下来，感受一下肚子里的空气重新回到嘴巴里，然后慢慢把它们吐掉。吐气的时候，时间要比吸气的时间更长。想象着自己慢慢地、慢慢地，把身体里的不佳情绪全部吐出去。

腹式呼吸有助于改善自主神经，缓解紧张不安的情绪，让我们重归平静。自主神经紊乱的时候，我们会对各种情感非常敏感，对细枝末节的事情做出应激反应。这些应激反应会进一步引发新的压力和焦虑。如果发现自己"有点儿焦虑"，可以让自己先休息3分钟。在这3分钟里，通过腹式呼吸法调整自主神经。在进行腹式呼吸的时候，应当尽量放空自己的大脑。不要想那些让自己焦虑不安的事情，把注意力集中在呼吸上。

唱歌

如果您感到压力和不安正从四面八方向自己袭来,赶紧停下来放声歌唱吧。希望通过这样的方法,可以抵消掉所有郁郁寡欢的心情。大声唱歌的时候,想象着自己的焦虑随着歌声飘散,然后让自己重归平静。

简单地大叫"啊——",也能有效缓解压力。但据说唱歌的效果更胜一筹。越是大声唱歌,心情越能舒畅。这是因为唱歌不但能带给我们快乐的情绪,还能促进唾液的分泌。前文中曾经介绍过,唾液含有的皮质醇是让我们感受到压力的原因之一。如果唾液增加,皮质醇的浓度会降低,从而缓解我们的压力。所以,如果感到有压力就大声唱歌吧!在卡拉OK里唱唱歌,把负面情绪一吐而尽!

全身紧绷，然后彻底放松

焦虑的时候，身体也会随着紧张，变得僵硬而紧绷。相反，心理放松的时候，身体也能舒缓下来。是的，我们的心灵和身体始终处于联动状态。那么，我们是否可以利用这个规律，紧张的时候先放松身体，然后通过身体带动心理，实现同时放松身心的目的呢？

如果感到焦虑，屏气凝神让身体全部紧张起来吧。接下来，完全放松。这样一来，身体可以感受到畅快的放松感，随后即可进入心情平稳的状态。当焦虑袭来，让我们试试"紧握双手，同时松开""紧闭双眼，同时睁开"的动作吧，看看焦虑是不是很快就能消失殆尽。习惯这个方法以后，也能有效解决肩颈僵硬和头痛的问题。

把注意力集中在呼吸上

感觉到焦虑和有压力的时候,当然应该尽力回避。但现实当中,我们是没办法完全躲开所有焦虑和压力的。重要的是,我们应该了解在面对焦虑和压力的时候,应该有什么样的对应策略。在前文中提到过腹式呼吸法的妙处。因为腹式呼吸法能调整自主神经,发挥缓解焦虑、重新回到平静状态的力量。如果心乱如麻,先试试把注意力集中在自己的呼吸上吧。这个方法是一种叫作"正念"的冥想法,被应用于焦虑、抑郁等症状的治疗。

因为只要把注意力集中在呼吸上就好,所以无关时间和地点,随时随地都能简单实现。如果感觉压力太大,情绪太亢奋,可以闭上眼睛,让呼吸平缓下来。让我们把注意力集中在呼吸上,让繁杂的思绪暂停,让纷扰的情绪平静,回到心平气和的状态吧。

食用椰枣

如果您常常感到心绪不宁,有可能是缺铁造成的。推荐这样的人多吃点儿椰枣。椰枣是棕榈科刺葵属乔木的果实,超市里可以买到椰枣的干果。据说椰枣是埃及艳后的心头好,富含铁元素。女性由于特殊的生理结构,很容易出现缺铁的症状。而缺铁很可能会出现新陈代谢减缓、易于疲劳等症状。可想而知,易于疲劳就会导致心绪不宁。另外,椰枣还含有钙、B族维生素、锌等有益于镇静的营养成分,可以充分期待其发挥缓解压力的效果。

如果您也正在烦恼应该如何解决缺铁、焦虑的症状,就多备一点儿椰枣吧。养成吃椰枣的习惯,改善身心不适的症状吧。但是,因为椰枣属于高热量食品,请注意不要吃得太多!

保持良好姿态

很多事物会对我们的心理健康产生意外的影响。其中之一，就是我们的身体姿势。美国的专家曾经做过这样的一项研究，他们把研究对象分为两组，要求其中一组研究对象保持挺胸抬头的良好姿态，要求另一组的研究对象保持含胸驼背的不良姿态。结果显示，姿态良好的一组研究对象对压力和疼痛具有更大的忍耐力。让我们再来看看另一组研究对象。他们因为上肢的前倾给心肺造成了某种程度上的压迫，所以只能保持浅呼吸。这样一来，他们的身体一直处于缺乏氧气和养分的状态。同时，不良的姿态给肩颈处的肌肉带来不必要的负担，导致自主神经失衡，使身体和心灵的耐受程度明显下降。

另外，不良姿态有可能引发偏头痛。保持良好姿态，正确使用腰背臀的肌肉，可以促进幸福激素血清素的分泌。就算是遇到了不开心的事情，也让我们昂首挺胸地击退压力吧！

把叹气改成深呼吸

偶尔叹一下气,身边的人就会过来关切地问:"怎么了?"然后还有可能加一句:"叹气会让幸福跑掉的。"

叹息往往给人以负面或消极的印象。可其实叹气可以缓解身心的紧张,消除疲劳,还真的是个行之有效的行为。叹气的时候,身心放松时处于优势地位的副交感神经受到刺激,能起到缓解紧张的作用。而且深深叹一口气,也能很好地释放出焦虑和压力。

长时间地连续深呼吸,有可能引起过氧的问题。但是呼气则基本上不会发生什么重大的弊端或风险。叹息是缓解焦虑、放松心情的良药。"啊——"地大声叫出来,反反复复地深呼吸几次吧!

不比较，不评价

我们会在不知不觉中，把自己跟他人作比较。"他比我的工资高""那个人朋友圈的点赞人数总是比我的多""部长觉得她比我的业绩好"，诸如此类，不胜枚举。我们生活在需要比拼的时代，可是这样的比较会衍生出诸多烦恼。与他人比较，我们既不会涨工资，又不会得到更多的赞美，增加的恐怕只有比较之后的落寞感。那就莫不如回归自我，在"他是他，我是我"的天平上保持客观中立的平衡。

另外，尽量不要张嘴对他人做出评价。好评倒是无可厚非，但是别忘了祸从口出。不谨慎的发言会引发一系列后续的麻烦，迟早有一天你会后悔"当初就不应该说那样的话"。这种可预见的但毫无意义的压力是可以从源头上避免的。为了不让我们产生对自己的懊恼情绪，还是尽量谨言慎行吧。

保持充足的水分

大家都知道，"每天要喝至少2L的水，这样才能保持健康"。像在前文中介绍过的那样，正确地摄取水分是保持健康的重中之重。毕竟，我们身体里的水分含量约占体重的70%，而血液和体液这种水分，发挥着保持身体功能的重要作用。最近的研究表明，水分不足不仅会影响身体健康，还会导致心理失衡。美国的一项研究表明，身体缺水会导致年轻男性的不安和疲劳，导致年轻女性的焦虑和烦躁，还会导致其他一些意志消沉的症状。由此可见，水分不足与身心不调之间有着密不可分的关联性。

如果感觉烦躁或者感觉情绪低落，先喝杯水滋润一下身心吧。等冷静下来，一定就会找到理想的解决方案了。

晚上入睡前记得给自己赞美

被别人表扬这种事情,可以算得上是种小确幸吧。如果被人说"今天的衣服真好看,特别衬托你的气质",那这一整天都会心情愉快、神采奕奕。可话说回来,我们并不能期待每时每刻都得到别人的赞美。如果如此,不如参考前文的思路,养成自我表扬的习惯。例如,您可以试试在每天夜晚入睡之前,由衷地赞美自己几句。

晚上,坐在梳妆台前,对着镜子里的自己说"今天辛苦了""今天好努力呀,效果不错""最近保养得不错,头发和皮肤都有光泽"等,总之是能让自己欢喜的话就好。然后用这些赞美之辞温柔地包裹起心灵,愉快地进入梦乡。相信第二天早晨醒来时,您的脸上一定会带着笑意。对自己的赞扬,可以提高自我肯定的意识。请一定要养成这个小习惯。

沉默，深呼吸

愤怒，会极大地干扰到我们的自主神经，让身心状况分崩离析。"那个人，说的什么话！气死我了！""干吗非听你说这些没意思的话？"面对这样的情景时，希望您能及时察觉到自己"就要发火""即将爆发"的状态，然后养成"保持沉默，深呼吸"的习惯。愤怒这种情感，有个很有趣的特征，那就是只要你客观地意识到自己的怒火，愤怒的情感就会自然而然地大打折扣。所以，及时发现自己的愤怒情绪尤为关键。

当意识到自己的愤怒以后，来一个大大的深呼吸，让副交感神经占据主动地位吧。放松因为愤怒而紧张起来的身体，舒缓如箭在弦的紧张情绪，无论对方的言行如何，都不要任由自己在愤怒驱使下做出过激反应。请尽量冷静下来，只有客观冷静地进行沟通，才能正确地传达自己的心意。

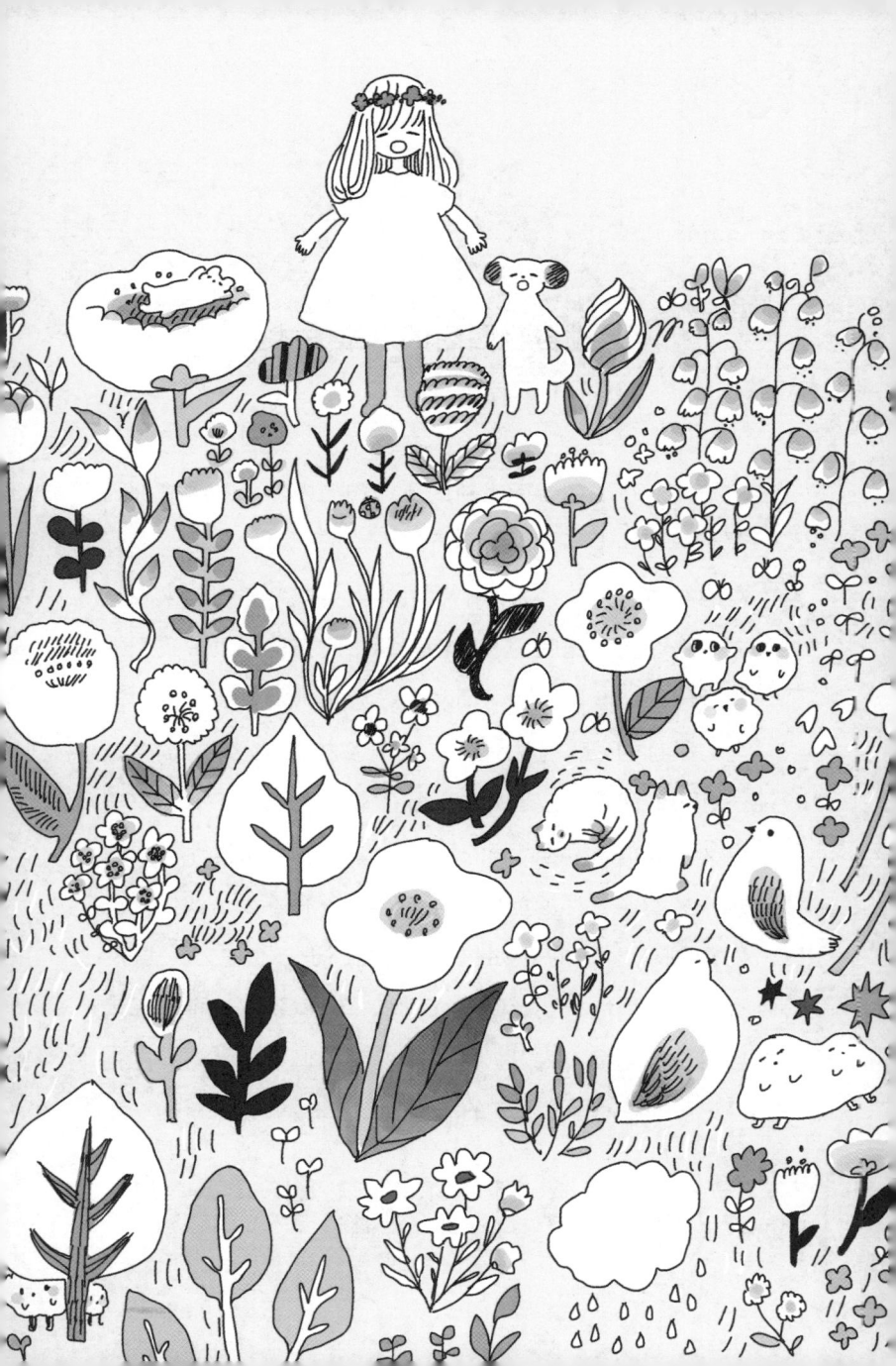

养成自我归因的思维方式

我们每天都会面对新的压力和焦虑。压力的来源因人而异,其中不乏无关轻重的小事情。可就算是鸡毛蒜皮的小事,在某些人的眼里可能也会成为痛苦的来源,成为势必深究到底的原则性问题。这完全取决于我们内心世界的广度、生活习惯和思维方式。例如,凡事力求全力以赴的人,往往对所有工作亲力亲为。这样一来,很有可能让自己疲于奔命,压力山大。另外,有些完美主义的人,会因为点滴的瑕疵而过度苛责自己。

您看,在形形色色的压力当中,有不少是我们自己人为制造出来的。如果因为"在同一个地方失误两次!"而烦恼,要及时悬崖勒马,意识到"这种焦虑来自自己的思维方式",可以帮助我们调节混乱的自主神经,慢慢脱离画地为牢的境地。

养成早起散步的习惯

早起散步益处良多。首先,在室外沐浴阳光可以帮助我们开启体内的生物钟,起到调整自主神经平衡的效果。我在前文中提到过,阳光重启我们的生物钟以后,可以帮助我们实现有规律的生活节奏,改善自主神经的功能。其次,还可以促进快乐激素血清素的分泌。在太阳下散步,是促进血清素分泌的最有效的活动,可以缓解身心焦虑。最后,晨间运动能有效提高上午的工作效率。身体活动开以后,交感神经处于活跃地位,大脑将从放松模式切换到活动模式,从而更容易发挥杰出的业绩。

"上午困倦不堪,做什么都打不起精神……"越是这样的人,越应该清早起来活动一下身体。可能有人会担心紫外线带来的伤害,但清早的阳光相对较弱,正适合用来合成体内的维生素D。养成早起散步的习惯,有助于保持健康的身心状态。

慢慢讲话

慢慢讲话，为什么可以缓解焦虑呢？让我们一起来了解一下其中的原理。首先，慢慢讲话可以抑制不必要的情绪。人在感性的时候，语速往往比平时要快一些。如果不相信，您可以回忆一下之前看到过的发火的人。他们快言快语，而且出口伤人。相比之下，慢声细语的人往往不会出现情感的峰值，不会怒气上头，更不会恶语连篇地伤害别人。除此之外，慢慢讲话能保持平稳地呼吸，让副交感神经处于优势地位，保持自主神经稳定。

另外，慢慢讲话有助于最大限度地发挥语言的力量。如果希望听者印象深刻，对你说的话表示认同，就要缓慢而平静地进行讲述。那些让人记忆犹新的讲演者，通常都始终保持着稳定的语速，这也从侧面印证了上述观点。请大家一定要保持慢慢讲话的习惯。

结束语

怎么样?本书中列举的100个习惯,是不是比你想象的还要简单呢?

例如,改变早餐的食谱,调整睡眠时间,喝一杯水,选择不紧箍的衣服,不坐电梯走楼梯,按自己的节奏处理电话和邮件,与负面新闻保持距离等。

"不过如此,真的可以改变我吗?"

您是否在阅读的过程中有过这样的疑虑呢?

当然,这些行动产生作用的关键,在于尽量坚持,而并非"想起来的时候做一做"就行。毕竟这些都是简单易行的事情,所以养成习惯尤为重要。

此前,您一定在不知不觉中把一些"坏习惯"坚持了很久。

如果通过阅读本书察觉到了那些所谓的"坏习惯",请一定把它们调整为"好习惯"吧。察觉到自身的"坏习惯",其实是一件非常值得欢欣鼓舞的事情。

也许您觉得有些事情是"与生俱来"的。但我们需要活在当下,让自己拥有希望,慢慢让生活更加愉悦而明媚起来。哪怕一天只做一个项目也好,就从自己喜欢的地方开始吧。

您可能会好奇为什么我会对"习惯"产生执念,请让我慢慢解释给您听。

我最初进入职场的时候,在福冈市内的急救中心从事医生的工作。

刚开始的2年里,面对无数脑卒中、心肌梗死等各种身患急病的患者。随之我留意到,这些被救护车送来的患者的身体指标有很多相似之处。

那就是大多数患者的血压、血糖、血脂方面的指标非常不好。

这些看起来一直身体健康、身轻如燕的人,居然一夜之间变成了坐在轮椅上生活不能自理的病人。

毫无疑问,从此以后他们的生活将脱离原本的轨道。而他们的家人也往往因为需要照看病人,而不得不改变生活的重心。

在我直面了很多这样的案例以后,切身感受到"在日常生活中预防疾病的重要性"。

要是早点儿开始留意生活习惯就好了。

要是早点儿从消沉中解脱出来,恢复健康的身心状态就好了。

如若这样,应该不会病到不得不叫救护车的程度。

现如今,您年轻健康,也许认为"那些事情还早着呢"。是呀,与若干年以后的事情相比,可能眼下的事情已经让人应接不暇了。

但是,"现如今的自己",确实连接着"今后的自己"呀!

您人生的主角,是您"自己"。今天您自己养成的每一个好习惯,都会让将来的自己更健康、更美丽。

让我们一起,多积累一些好习惯吧。

工藤孝文

参考文献

『やせる、不調が消える 読む冷えとり』石原新菜／主婦の友社
『オトナ女子の不調をなくす カラダにいいこと大全』小池弘人監修／サンクチュアリ出版
『セルフケアの道具箱 ストレスと上手につきあう100のワーク』伊藤絵美／晶文社
『整える習慣』小林弘幸／日経ビジネス人文庫
『疲れない大百科』工藤孝文／ワニブックス
『かからない大百科』工藤孝文／ワニブックス
『不調を知らせるカラダサイン図鑑』工藤孝文／WAVE出版
「工藤孝文のかかりつけ医チャンネル」YouTubeなど

作者简介

工藤孝文（KUDOU TAKAHUMI）

内科医生。毕业于福冈大学医学部，后在爱尔兰和澳大利亚留学。目前在自己开设的诊所MIYAMA市工藤内科工作，对地区医疗倾注全力。专业涉及糖尿病、高血压、血脂异常等生活习惯病，中医治疗，减肥治疗等多个领域。在社交媒体中发布各类医疗前沿信息。担任日本内科学会、日本糖尿病学会、日本肥胖学会、日本东洋医学会、日本抗老龄化医学会、日本女性医学会、日本高血压学会、日本甲状腺学会、小儿慢性病指定医生的工作。参与拍摄多个电视节目。

小池惠美子（KOIKE EMIKO）

插图作者，画家。毕业于奈良艺术短期大学设计专业。2018年在第九次武井武雄纪念日本童画大奖静态绘画类别中获得一等奖。著有绘本《我的小星星》等作品。

HEKOMANAI 100 NO SYUKAN
by Takahumi Kudo
Illustrated by Emiko Koike
Copyright © Takahumi Kudo, Emiko Koike 2021

Simplified Chinese translation copyright ©2023 by Liaoning Science and Technology Ltd. All rights reserved.

Original Japanese language edition published by WAVE PUBLISHERS CO.,LTD.
Simplified Chinese translation rights arranged with WAVE PUBLISHERS CO.,LTD.
through Lanka Creative Partners co., Ltd.(Japan)and Shanghai To-Asia Culture Co.,Ltd. (China)

©2023，辽宁科学技术出版社。
著作权合同登记号：第06-2022-72号。

版权所有·翻印必究

图书在版编目（CIP）数据

摆脱负面情绪的100个习惯 /（日）工藤孝文著；（日）小池惠美子插图；张岚译.—沈阳：辽宁科学技术出版社，2023.1
ISBN 978-7-5591-2827-0

Ⅰ.①摆… Ⅱ.①工… ②小… ③张… Ⅲ.①情绪—自我控制—通俗读物 Ⅳ.① B842.6-49

中国版本图书馆CIP数据核字（2022）第230452号

出版发行：辽宁科学技术出版社
　　　　　（地址：沈阳市和平区十一纬路25号　邮编：110003）
印 刷 者：辽宁新华印务有限公司
经 销 者：各地新华书店
幅面尺寸：128mm×188mm
印　　张：7.5
字　　数：200千字
出版时间：2023年1月第1版
印刷时间：2023年1月第1次印刷
责任编辑：康　倩
版式设计：袁　舒
封面设计：袁　舒
责任校对：徐　跃

书　　号：ISBN 978-7-5591-2827-0
定　　价：38.00元

联系电话：024-23284367
邮购热线：024-23284502